高等职业院校岗课赛证融通新形态一体化教材

前端可视化框架应用开发

主　编　苏叶健　许建豪　黄　伟

副主编　段仕浩　张良均

电子工业出版社·

Publishing House of Electronics Industry

北京·BEIJING

内 容 简 介

本书以项目需求为导向，全面介绍了前端可视化框架应用开发的相关知识及其应用，并详细阐述了使用前端可视化知识解决实际问题的方法。全书共 8 个模块，模块 1 介绍了 Vue 前端框架、Element UI 前端框架、ECharts 可视化库和 Visual Studio Code 编辑器，并搭建了前端可视化项目开发环境；模块 2 介绍了 Element UI 前端框架的相关应用；模块 3～模块 7 介绍了 Vue 指令、Vue 数据绑定、Vue 事件、Vue 组件和 Vue 路由的相关内容；模块 8 介绍了 ECharts 的应用。每个模块均包含课后作业，通过练习和操作，可以帮助读者巩固所学知识。

本书可作为高等学校、高等职业院校或培训机构 Web 前端开发相关专业的教学参考书，也可作为前端开发爱好者的自学用书。

图书在版编目（CIP）数据

前端可视化框架应用开发 / 苏叶健，许建豪，黄伟主编. -- 北京 ：电子工业出版社，2024. 7. -- ISBN 978-7-121-48657-9

Ⅰ．TP31

中国国家版本馆 CIP 数据核字第 2024AF0178 号

责任编辑：左　雅
印　　刷：三河市华成印务有限公司
装　　订：三河市华成印务有限公司
出版发行：电子工业出版社
　　　　　北京市海淀区万寿路 173 信箱　　　邮编：100036
开　　本：787×1092　　1/16　　印张：17.25　　字数：442 千字
版　　次：2024 年 7 月第 1 版
印　　次：2024 年 7 月第 1 次印刷
定　　价：55.00 元

凡所购买电子工业出版社图书有缺损问题，请向购买书店调换。若书店售缺，请与本社发行部联系，联系及邮购电话：（010）88254888，88258888。

质量投诉请发邮件至 zlts@phei.com.cn，盗版侵权举报请发邮件至 dbqq@phei.com.cn。

本书咨询联系方式：（010）88254580，zuoya@phei.com.cn。

一、编写背景

　　党的二十大报告强调，"加快发展数字经济，促进数字经济和实体经济深度融合，打造具有国际竞争力的数字产业集群。"随着新一代信息技术产业的蓬勃发展和技术的革新，传统产业加速向数字化转型，企业在构建电子商务、交通、物流、政务等数字化平台的过程中，前端可视化项目既是数字化平台的访问入口，也是数字化平台数据可视化的出口。前端可视化项目已经从过去应用 HTML、样式表、JavaScript 脚本程序等碎片化技术逐步迭代为基于 Vue、ECharts 等前端框架和组件技术的工程化项目，应用前端可视化框架技术开发的项目具有更好的实时性、交互性及数据可视化效果，其已成为企业级数字化项目采用的重要技术。

二、本书特色

- 以项目需求为导向。本书由一个实际项目贯穿，将前端可视化框架应用开发的相关知识与项目相结合，并将项目分为若干个模块，对每个模块进行任务分解。每个任务由任务描述、任务要求、相关知识和任务实施构成，读者通过完成任务可以逐步了解相关知识的实际运用方法。
- 理论与实战相结合。本书从前端可视化的理论知识开始讲解，带领读者逐步学习网站前端开发的各种应用技巧，并结合日常生活中的实际案例进行分析和操作，让读者学习起来更加简单轻松，操作起来更加有章可循。

- 注重启发式教学。本书大部分模块紧扣前端可视化框架应用开发的流程展开，不堆积知识点，着重于思路的启发与解决方案的实施，采用"任务描述—任务要求—相关知识—任务实施"的结构讲解每个任务，帮助读者更好地理解与掌握前端可视化技术。

- 本书各章节附有课后作业题，提供了教学课件、案例代码等配套资源，同时还提供了新零售智能销售平台前端与后端对接的综合开发电子版教程内容，帮助读者在掌握前端可视化应用开发的同时，还能掌握前端与后端对接的开发技能，形成前后端融合的综合项目开发能力。

新零售智能销售平台
前后端对接综合开发

- 本书通过在各章节设置的视频二维码配套提供了 68 段教学视频，读者可根据学习情况灵活观看。教学视频不仅涵盖了每个章节的核心知识点，帮助读者加深对复杂概念和技术要点的理解，促进对知识的理解和拓展应用，同时还直观展示了任务实施的操作步骤分解，帮助读者更好地理解和掌握书中的知识和技能，提升项目开发实战能力。

三、其他

本书由苏叶健、许建豪、黄伟担任主编，段仕浩、张良均担任副主编，他们具有丰富的教育教学改革和企业项目开发经验。在编写本书的过程中，编者参考了一些相关著作和文献，在此向这些著作和文献的作者深表感谢。由于编者的时间和水平有限，书中难免存在不足之处，欢迎广大读者给予批评和指正。

由于本书采用黑白印刷，无法显示页面彩色效果，请读者结合教学视频和实际操作学习本书。

编者 E-mail：funnymickey@qq.com。

编　者

CONTENTS

目录

模块 1 搭建前端可视化开发环境

世界上没有孤立存在的事物，每种事物都是在与其他事物的联系之中存在的，如彩虹经由七彩的颜色在天空中留下绚丽的风景、大海经由千万滴水滴得以展现它的惊涛骇浪。同理，前端可视化框架应用开发也是经由多种技术的组合，才得以在现代科技发展的洪流中脱颖而出的。

本模块首先介绍在前端可视化框架应用开发中常用的 Vue 前端框架、Element UI 前端框架和 ECharts 可视化库等，然后介绍如何运用相关的前端开发技术搭建一个前端可视化开发环境，并完成一个简单的前端可视化项目。

【教学目标】

➊ 1. 知识目标

（1）了解 Vue、Element UI 和 ECharts 的相关概念和发展情况。
（2）熟悉 Vue、Element UI 和 ECharts 的优势与应用场景。
（3）掌握前端可视化开发环境和前端可视化项目的搭建流程。

➋ 2. 技能目标

（1）能够安装 Node.js，以及引入 Vue、Element UI 和 ECharts。
（2）能够安装 Visual Studio Code 编辑器。
（3）能够搭建前端可视化开发环境和创建前端可视化项目。

➌ 3. 素养目标

（1）引导学生保持积极向上的心态，不断进取与开拓创新。
（2）增强学生的社会责任感，自觉推进社会公益事业的发展。
（3）引导学生勇担时代使命，为实现中华民族伟大复兴的中国梦贡献力量。

任务 1.1 安装 Node.js 和 Vue

【任务描述】

"工欲善其事，必先利其器。"在运用前端开发技术完成相关的网页平台构建之前，需要先将所需的工具准备好。当前国内新零售的发展如火如荼、形式多种多样，为此，构建新零售智能销售数据管理与可视化

安装 Node.js 和
Vue

平台（以下简称新零售智能销售平台）可谓是迎合了时代发展的方向。若要实现新零售智能销售平台的构建，则需要完成 Node.js 和 Vue 的安装，从而搭建平台所需的实现环境。如此一来，这不仅能够为实现平台的构建打好运行基础，还能够引起读者的开发兴趣与探索欲，进而促使读者主动增强前端开发的相关知识与技能。

【任务要求】

（1）安装 Node.js。

（2）引入 Vue。

【相关知识】

1.1.1 初识 Vue

在科学技术飞速发展的背景下，当前在社会范围内发展势头较为强韧的行业便是互联网。而互联网行业的发展对于国家发展来说，是使国家成为科技强国的强而有力的助推力量之一，但若要将这份力量极大地释放出来，则需要拥有不屈不挠、勇于探索的科学精神。

在互联网行业中，前端可视化框架应用开发备受关注，其整体架构实现较为常用的开发技术是 Vue（也称为 Vue.js）。Vue 是一款用于构建用户界面的渐进式框架。Vue 正式发布于 2014 年 2 月，时至今日，Vue 的开发者们具有的锐意进取、开拓创新精神和埋头苦干的自觉行动力，促使 Vue 在科技的洪流中不断前行。Vue 的重要发展历程如下。

（1）2015 年 10 月是 Vue 的第一个重要时刻，Vue 从一个视图层库发展为一款渐进式框架。

（2）2016 年 10 月是 Vue 的第二个重要时刻，它吸收了 React 的虚拟 DOM 方案，还支持服务端渲染。

（3）2020 年 9 月是 Vue 的第三个重要时刻，它提供了更高的性能、更小的包、更好的 TypeScript 集成和用于处理大规模用例的新 API，为框架的未来迭代和更新奠定了长期且坚实的基础。至今，Vue 还在不断更新和迭代。

Vue 与其他大型框架不同，Vue 被设计为自下而上逐层应用，它的核心库只关注视图层。Vue 不仅易于上手，还便于与第三方库或既有项目整合，而且当与现代化的工具链及各种支持类库结合使用时，它完全能够为复杂的单页应用提供驱动。此外，Vue 还拥有便捷的双向数据绑定模式——MVVM 模式。MVVM 的全称为 Model View ViewModel，该模式主要分为如下三个部分，其架构如图 1-1 所示。

（1）Model：模型层，主要与业务数据打交道。

（2）View：视图层，主要用于展示网页页面，也就是传统的 HTML+CSS。

（3）ViewModel：连接视图层与模型层的桥梁，可看作通信器或控制器。

在图 1-1 中，ViewModel 在 Vue 中监听着 View 和 Model 的改变，并通知对方做出相应的改变，从而实现 View 和 Model 的相互解耦。在实际生活中，该模式给企业带来的好处是巨大的，企业在进行系统开发和维护时，成本会得到一定程度的降低。

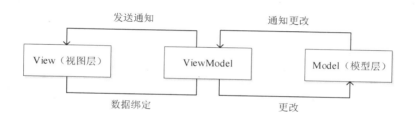

图 1-1　MVVM 模式的架构

1.1.2　Vue 的优势与应用

Vue 作为当前热门的前端可视化框架之一，具有众多突出优势，主要优势如下。

（1）简洁：当基于 Vue 框架开发时，代码编写风格简洁、通俗易懂，其有效地遵循了人们成长认知过程中的精简明了原则，进而将知识的汲取和实践应用相结合，促使用户自身学习能力的提升，并且与其他主流的前端框架（如 Rect.js、Angular.js）相比，Vue 的源代码更小巧，适合各种程度的开发者使用，同时学习成本也更低。

（2）灵活：Vue 框架能够让用户根据项目需求自由选择使用一个或多个库。例如，用户在使用 Vue 框架时如果需要用到路由或 AJAX 技术，则可以将与其相关的官方库添加进来，或者也可以使用其他的库或插件，如 jQuery 的 AJAX 等。而这种按需添加的方式在前端可视化框架应用开发过程中能够有效地减少资源的占用，进而提升程序运行效率。

（3）模块友好：在基于 Vue 框架开发时，可以配合使用 CommonJS、RequireJS 或 SeaJs 等第三方模块构建工具实现代码的模块化。另外，还可以使用 ECMAScript6（ES6）的模块化功能，并配合使用 Webpack 前端资源打包工具进行相应的打包，轻松实现代码的模块化。

（4）组件化：Vue 框架支持组件化开发，组件化开发极大地提高了代码的可维护性，能够在一定程度上减少人工成本的投入。组件化的思路是将前端页面上某个组件的 HTML、CSS、JavaScript 代码集中放到一个 ".vue" 文件中进行组件化的管理和使用。

（5）渲染性能高效：Vue 框架选用的是 Virtual DOM（虚拟 DOM）体系，摒弃了消耗比较大的直接操作的 DOM 模式。

（6）数据绑定：Vue 将底层数据和视图一一对应，在进入页面的同时将挂载的 DOM 元素实例化成 Vue 实例。数据与文档的 DOM 结构绑定在一起，在数据和结构 UI 之间建立响应式的映射关系，实现双向数据绑定，当内部数据存储发生变化时，视图数据也会立即随之发生相应的变化。

【任务实施】

步骤 1　安装 Node.js

Node.js 是一个基于 Chrome V8 引擎的 JavaScript 运行环境。Node.js 使用了一个事件驱动、非阻塞式 I/O 模型，轻量又高效。

在 Node.js 中，可以使用新的 ECMAScript 标准，不必再等待所有用户更新浏览器。开发者负责通过更改 Node.js 的版本来决定使用 ECMAScript 的哪个版本，还可以通过运行带有标志的 Node.js 来启用特定的实验性功能。

安装 Node.js 的具体步骤如下。

（1）进入 Node.js 官方网站，单击"Download"菜单，如图 1-2 所示。

（2）进入版本选择页面，单击"Prebuilt Installer"选项卡切换到预编译版本，下拉页面选择所需的版本，单击"Download Node.js v16.20.0"按钮进行下载，如图 1-3 所示。

图 1-2　单击"Download"菜单　　　　　　　　　图 1-3　选择所需版本

（3）也可以在如图 1-4 所示的页面中查找更多版本。

Index of /download/release/

../		
latest/	11-Jun-2024 18:57	-
latest-argon/	30-Mar-2018 03:32	-
latest-boron/	03-Apr-2019 19:45	-
latest-carbon/	18-Dec-2019 16:41	-
latest-dubnium/	06-Apr-2021 19:56	-
latest-erbium/	05-Apr-2022 12:21	-
latest-fermium/	16-Feb-2023 22:06	-
latest-gallium/	09-Aug-2023 16:40	-
latest-hydrogen/	21-May-2024 12:04	-
latest-iron/	28-May-2024 16:47	-
latest-v0.10.x/	18-Oct-2016 16:38	-
latest-v0.12.x/	22-Feb-2017 13:55	-
latest-v10.x/	06-Apr-2021 19:56	-
latest-v11.x/	30-Apr-2019 17:52	-
latest-v12.x/	05-Apr-2022 12:21	-
latest-v13.x/	29-Apr-2020 22:29	-
latest-v14.x/	16-Feb-2023 22:06	-
latest-v15.x/	06-Apr-2021 20:49	-
latest-v16.x/	09-Aug-2023 16:40	-

图 1-4　版本选择页面

（4）进入"Index of/download/release/latest-v16.x/"页面，根据自己计算机的软硬件配置下载合适的安装包文件，如果计算机使用的是 Windows 64 位环境，则需下载".msi"文件，如图 1-5 所示。

（5）单击已下载好的".msi"文件，在弹出的"Node.js Setup"对话框中单击"Next"按钮，如图 1-6 所示。

（6）勾选"I accept the terms in the License Agreement"复选框，同意上述协议并单击"Next"按钮，如图 1-7 所示。

Index of /download/release/latest-v16.x/

```
../
docs/                                    08-Aug-2023 17:57        -
win-x64/                                 08-Aug-2023 05:38        -
win-x86/                                 08-Aug-2023 05:08        -
SHASUMS256.txt                           09-Aug-2023 16:40     3153
SHASUMS256.txt.asc                       09-Aug-2023 16:40     3861
SHASUMS256.txt.sig                       09-Aug-2023 16:40      438
node-v16.20.2-aix-ppc64.tar.gz           08-Aug-2023 22:47  45341376
node-v16.20.2-darwin-arm64.tar.gz        08-Aug-2023 22:28  29989231
node-v16.20.2-darwin-arm64.tar.xz        08-Aug-2023 22:28  19445028
node-v16.20.2-darwin-x64.tar.gz          09-Aug-2023 00:19  31266877
node-v16.20.2-darwin-x64.tar.xz          09-Aug-2023 00:20  20942128
node-v16.20.2-headers.tar.gz             08-Aug-2023 22:44   569273
node-v16.20.2-headers.tar.xz             08-Aug-2023 22:44   386340
node-v16.20.2-linux-arm64.tar.gz         08-Aug-2023 22:30  33865663
node-v16.20.2-linux-arm64.tar.xz         08-Aug-2023 22:31  21993928
node-v16.20.2-linux-armv7l.tar.gz        08-Aug-2023 22:26  30965560
node-v16.20.2-linux-armv7l.tar.xz        08-Aug-2023 22:27  19308988
node-v16.20.2-linux-ppc64le.tar.gz       08-Aug-2023 22:25  35843011
node-v16.20.2-linux-ppc64le.tar.xz       08-Aug-2023 22:26  23053556
node-v16.20.2-linux-s390x.tar.gz         08-Aug-2023 22:23  34048206
node-v16.20.2-linux-s390x.tar.xz         08-Aug-2023 22:24  21520360
node-v16.20.2-linux-x64.tar.gz           08-Aug-2023 22:24  33784240
node-v16.20.2-linux-x64.tar.xz           08-Aug-2023 22:26  22556484
node-v16.20.2-win-x64.7z                 08-Aug-2023 22:55  17618289
node-v16.20.2-win-x64.zip                08-Aug-2023 22:55  26923830
node-v16.20.2-win-x86.7z                 08-Aug-2023 22:49  16453415
node-v16.20.2-win-x86.zip                08-Aug-2023 22:50  25277041
node-v16.20.2-x64.msi                    08-Aug-2023 22:56  29327360
node-v16.20.2-x86.msi                    08-Aug-2023 22:50  27574272
node-v16.20.2.pkg                        08-Aug-2023 23:23  58015765
node-v16.20.2.tar.gz                     08-Aug-2023 22:33  69727579
node-v16.20.2.tar.xz                     08-Aug-2023 22:40  36834468
```

图 1-5　下载 Node.js 的 ".msi" 文件

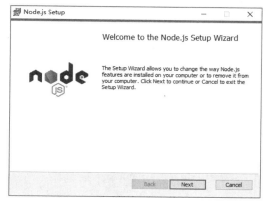

图 1-6　安装 Node.js 步骤 1

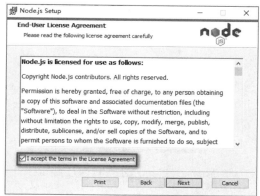

图 1-7　安装 Node.js 步骤 2

（7）单击 "Change" 按钮指定安装路径，并单击 "Next" 按钮，如图 1-8 所示。

（8）单击 "Add to PATH" 节点，程序会在安装过程中自动配置对应的环境变量。然后单击 "Next" 按钮，如图 1-9 所示。

（9）保持默认状态，无须让程序自动安装缺少的软件，单击 "Next" 按钮，如图 1-10 所示。

（10）单击 "Install" 按钮，如图 1-11 所示，等待安装结束。

（11）单击 "Finish" 按钮完成安装。

（12）打开 cmd，输入 "node -v" 命令查看 Node.js 版本号，检测 Node.js 是否安装成功，如图 1-12 所示。

（13）下载并安装 Node.js 后，npm 会随同 Node.js 一并安装。打开 cmd，输入 "npm -v" 命令查看 npm 版本号，检测 npm 是否安装成功，如图 1-13 所示。

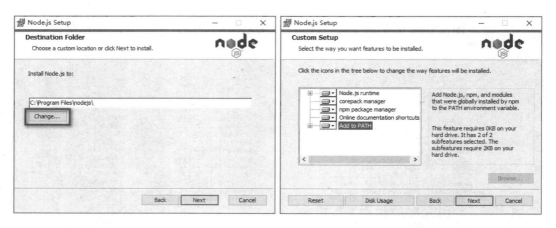

图 1-8　安装 Node.js 步骤 3　　　　　　图 1-9　安装 Node.js 步骤 4

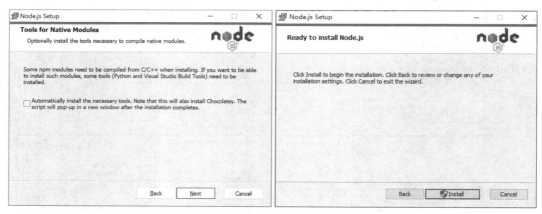

图 1-10　安装 Node.js 步骤 5　　　　　　图 1-11　安装 Node.js 步骤 6

图 1-12　查看 Node.js 版本号

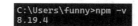

图 1-13　查看 npm 版本号

步骤 2　引入 Vue

　　Vue 的引入有直接用<script>标签引入、用 CDN 方法在线引入和 npm 安装这 3 种方法。下面介绍比较常用的直接用<script>标签引入的方法，具体步骤如下。

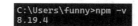

图 1-14　单击"起步"按钮

　　（1）进入 Vue 官方网站，单击"起步"按钮，如图 1-14 所示，进入 Vue 官方文档。

　　（2）在 Vue 官方文档左侧的"安装"下单击"直接用<script>引入"节点。Vue 官方网站提供的开发版本为 2.6.14 稳定版本，单击"开发版本"按钮开始下载"vue.js"文件，如图 1-15 所示。

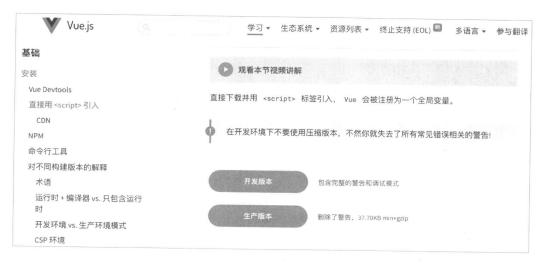

图 1-15　下载"vue.js"文件

（3）创建一个".html"文件，将下载好的"vue.js"文件移动到创建好的".html"文件的同一目录下，在".html"文件中使用<script>标签完成 Vue 的引入，如代码 1-1 所示。

代码 1-1　引入 Vue

```
<!DOCTYPE html>
<html>
<head>
  <meta charset="utf-8" />
  <!--引入 Vue-->
  <script src="vue.js"></script>
</head>
</html>
```

任务 1.2　引入 Element UI

引入 Element UI
前端框架和
ECharts 可视化库

【任务描述】

　　组件的使用是丰富新零售智能销售平台的关键途径之一，当多个组件结合使用时，不仅可以使新零售智能销售平台在外形上更美观，还可以进一步增强平台的实用性和适用性。Element UI 是当前前端框架中常用的组件库，拥有丰富的组件类型，而掌握 Element UI 的引入方法是使用其功能的基础。因此，掌握并巩固好基础技能，才能更好地构建实用的新零售智能销售平台。

【任务要求】

　　引入 Element UI。

【相关知识】

1.2.1　初识 Element UI

Element UI 是一个为 Vue 而生的桌面端组件库，能够降低开发者在前端可视化框架应用开发过程中对组件进行封装的复杂性，以及开发的难度，进而使开发者可以节省出更多的时间和精力实现其他更具挑战性的开发部分。

Element UI 所秉持的一致、反馈、效率及可控的设计原则能够在一定程度上有效地帮助使用 Vue 的前端开发人员更加快速地设计网页。Element UI 设计原则的具体内容如下。

（1）一致：使用用户习惯的语言和概念，页面中的样式设计、图标和文本、元素的位置等保持一致。

（2）反馈：控制反馈、页面反馈。控制反馈是指通过页面样式和交互动效让用户可以清晰地感知自己的操作；页面反馈是指用户在操作后，Element UI 通过页面元素的变化清晰地展现当前状态。

（3）效率：简化流程、清晰明确、帮助用户识别。简化流程是指设计简洁、直观的操作流程；清晰明确是指语言表达清晰且表意明确，让用户可以快速理解进而做出决策；帮助用户识别是指页面简单直白，让用户快速识别而非回忆，减轻用户记忆负担。

（4）可控：用户决策、结果可控。用户决策是指根据场景可给予用户操作建议或安全提示，但不能代替用户进行决策；结果可控是指用户可以自由地进行操作，包括撤销、回退和终止当前操作等。

1.2.2　Element UI 的优势与应用

Element UI 通过一次次地不断升级与完善，创造了许多优越的功能，契合了当前大部分产品的设计需求，其主要优势如下。

（1）丰富的组件：Element UI 拥有许多不同类型的组件，如基础组件、表单类组件、数据类组件、提示类组件、导航类组件和其他类型组件，这些丰富的组件能够很好地满足大部分 PC 端 to B 业务开发的需求，从而降低前端可视化开发过程中组件使用的复杂性，提升开发者的开发效率。

（2）自定义主题：Element UI 支持自定义主题，用户可以使用在线主题编辑器，也可以根据实际需求修改、定制 Element UI 所有全局和组件的设计系统，并可以方便地实时预览样式改变后的视觉效果。

（3）友好的文档：Element UI 的文档和示例是融为一体的，当用户打开文档时，可以看到文档不仅介绍了每个组件的使用方式，还展示了组件的各种示例，并且还展示了每个示例的源代码，其产生的实用价值较高。

（4）工程化：Element UI 在工程化的开发、测试、构建和部署方面起到了有效的辅助作用。在开发方面，其设置了专门的拓展规则来保证代码风格的一致性；在测试方面，其使用了专门的测试运行器为每个组件编写了单元测试，并集成了测试；在构建方面，其通过使用工具自动化生成文件，提升了开发效率并降低了成本；在部署方面，其能够促使整个发布流程自动完成。

随着 Element UI 的不断升级，其得到了越来越多开发人员、企业等的应用。例如，使用 Element UI 快速进行网站布局；配置城市服务组件，融入 Element UI 内置的过渡动画，令组件的切换变化更具动感，进而促使整个前端可视化框架应用的页面更清晰、更富有内涵，并产生共情效应。

【任务实施】

步骤 引入 Element UI

Element UI 的引入有使用 CDN 方法在线引入和 npm 安装这 2 种方法。下面介绍比较常用的使用 CDN 方法在线引入的方法，具体步骤如下。

（1）进入 Element UI 官方网站，如图 1-16 所示，单击"组件"菜单进入 Element UI 官方文档。

图 1-16 进入 Element UI 官方网站

（2）核对 Element UI 官方文档是否是基于 2.15.14 版本的 Element UI 编写的，如图 1-17 所示。

图 1-17 核对 Element UI 官方文档的版本

（3）选择官方文档左侧的"安装"选项进入 Element UI 安装文档，创建一个".html"文件，将"CDN"标题下的 HTML 代码复制到".html"文件中，如图 1-18 所示。

图 1-18   在线引入 Element UI

（4）引入 Element UI 的完整代码如代码 1-2 所示。

代码 1-2   引入 Element UI 的完整代码

```
<!DOCTYPE html>
<html>
<head>
<meta charset="utf-8" />
<!--引入 Vue-->
<script src="vue.js"></script>
<!-- 引入样式 -->
<link rel="stylesheet" href="https://******/element-ui/lib/theme-chalk/index.css">
<!-- 引入 Element UI -->
<script src="https://******/element-ui/lib/index.js"></script>
</head>
</html>
```

任务 1.3   引入 ECharts

【任务描述】

可视化是增强数据交互性的有效手段之一，在新零售智能销售平台中增添可视化效果不仅能够清晰、有效地传达信息，还能够使用户对数据结构有更深层的了解。当前，ECharts 的图表绘制较为丰富且美观，掌握 ECharts 的引入方法，能够为新零售智能销售平台增添丰富的可视化效果，从而形成动态的技术发展和应用的双重平衡，满足时代发展的需求。

【任务要求】

引入 ECharts。

【相关知识】

1.3.1　初识 ECharts

ECharts 是一个使用 JavaScript 实现的开源可视化库，能够在很大程度上为前端可视化框架应用开发提供绚丽多彩的图形展示，进而使得数据特征信息的表达更为生动和直观。ECharts 于 2013 年 6 月由百度团队开源，自开源以来，ECharts 在大量的社区反馈和开发人员的无私贡献下正在不断地迭代进化，ECharts 的重要发展历程如下。

（1）2014 年 6 月，ECharts 2.0 版本被发布。此时的 ECharts 是一个纯 JavaScript 图表库，支持折线图、柱状图、散点图等多类图表展现，同时支持任意维度的堆积和多图表混合展现。

（2）2016 年 1 月，ECharts 3.0 版本被发布，修复了 ECharts 之前版本中存在的难以修复的漏洞，同时修改了 ECharts 的架构设计，使得 ECharts 中功能的组合和扩展更加灵活，能够在一定程度上激发开发人员的创新意识。

（3）2018 年 1 月，ECharts 4.0 版本被发布。ECharts 被捐赠给 Apache 软件基金会（Apache Software Foundation，ASF），成为 ASF 孵化级项目。

（4）2020 年 12 月，ECharts 5.0 版本被发布。此时的 ECharts 完成了五大模块、15 项特性的全面升级，并且围绕图表的叙事能力，在动态叙事、视觉设计、交互能力、开发体验及可访问性等方面做了专项优化升级，使得信息的展现更全面和多样，也让用户获得了更好的数据可视化体验。

ECharts 作为一个正在打造拥有互动图形用户界面和深度数据互动可视化功能的工具，其目标是在大数据时代，重新定义数据图表。ECharts 可以流畅地运行在 PC 和移动设备上，并且当前 ECharts 兼容了绝大部分的浏览器（如 Chrome、IE8/9/10/11、Firefox、Safari 等），底层依赖轻量级的 Canvas 类库 ZRender，提供了直观、生动、可交互、高度个性化定制的数据可视化图表。此外，ECharts 拥有的拖曳重计算、数据视图、值域漫游等创新特性大大增强了用户体验，赋予了用户对数据进行挖掘、整合的能力。

1.3.2　ECharts 的优势与应用

ECharts 自发布至今，吸收了许多过往的开发经验并不断地进行创新，以至于成为现今十分有影响力的开源项目。而且在实践应用中，ECharts 也是前端开发的必备工具之一，拥有众多优势，具体如下。

（1）丰富的图表类型：ECharts 提供了开箱即用的 20 多种图表和 10 多种组件，并且支持各种图表及组件的任意组合。

（2）专业的数据分析功能：ECharts 通过数据集管理数据，支持数据过滤、聚类、回归，可实现同一份数据的多维度分析，使最终呈现出的结果更专业和合理。

（3）健康的开源社区：活跃的社区用户保证了ECharts项目的健康发展，他们也贡献了丰富的第三方插件以满足不同场景的需求。

（4）强劲的渲染引擎：ECharts采用Canvas、SVG双引擎一键切换功能，使用增量渲染、流加载等技术实现了千万级数据的流畅交互，使前端可视化框架应用中的数据调试过程更加顺畅。

（5）优雅的可视化设计：ECharts的设计遵循可视化原则，支持响应式设计，并且提供了灵活的配置项方便开发人员定制。

（6）友好的无障碍访问：ECharts能够智能生成图表描述和贴花图案，帮助视力障碍人士了解图表内容，读懂图表背后的故事，为视力障碍人士带来光明，进而促进社会公益事业的发展。

当前，随着ECharts的不断更新和迭代，其已成为国内可视化生态领域的领军者，且近年内连续被评选为"年度最受欢迎中国开源软件"，并被广泛应用于企业、事业单位和科研院所。目前，在百度内部，ECharts不仅可以满足百度多个核心商业业务系统的数据可视化需求，还服务于多个后台运维及监控系统。在前端可视化框架应用开发中，ECharts能够满足各个方面的可视化需求，如报表系统、运维系统、网站展示、营销展示、企业品牌宣传、运营收入的汇报分析等，并且涉及众多行业领域，如金融、教育、医疗、物流、气候监测等。

【任务实施】

ECharts的引入有从CDN获取、从GitHub获取和npm安装这3种方法，下面介绍比较常用的从CDN获取的方法，具体步骤如下。

（1）进入ECharts官方网站，如图1-19所示，单击"快速入门"按钮进入ECharts官方文档。

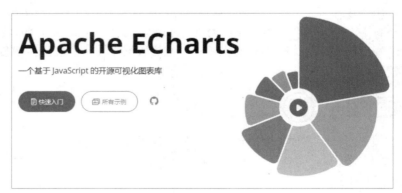

图1-19　进入ECharts官方网站

（2）选择官方文档左侧的"快速上手"选项进入"快速上手"文档，如图1-20所示，单击"https://******/package/npm/echarts"网址进入ECharts安装包的下载目录。

图 1-20 进入 ECharts "快速上手" 文档

（3）单击右下方的下拉列表框，选择"5.2.0"选项后单击右上方的"下载"按钮下载"echarts-5.2.0.tgz"压缩包，如图 1-21 所示。

（4）解压缩下载完成的"echarts-5.2.0.tgz"压缩包，得到一个"package"文件夹，如图 1-22 所示。

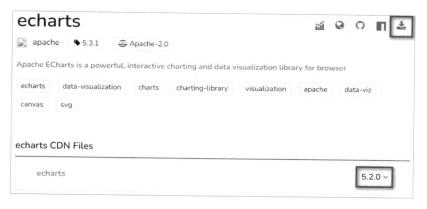

图 1-21 选择 ECharts 版本并下载压缩包

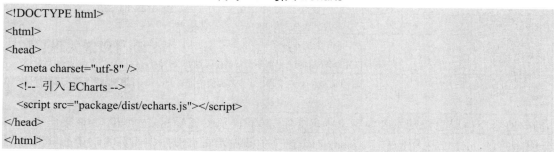

图 1-22 解压缩后得到的文件夹

（5）创建一个".html"文件并将解压缩后得到的 package 文件夹移动到".html"文件的同一个目录下，在".html"文件中使用<script>标签完成 ECharts 的引入，如代码 1-3 所示。

代码 1-3 引入 ECharts

```html
<!DOCTYPE html>
<html>
<head>
    <meta charset="utf-8" />
    <!-- 引入 ECharts -->
    <script src="package/dist/echarts.js"></script>
</head>
</html>
```

（6）使用 ECharts 进行数据可视化可能会涉及异步加载数据的情况，因此需要配置 Google 浏览器以支持 AJAX 请求，具体操作如下。

①右击"Google Chrome"快捷方式图标，在弹出的快捷菜单中选择最下面的"属性"命令。

②弹出"Google Chrome 属性"对话框，在"目标"输入框中输入"—allow-file-access-from-files"，并单击"确定"按钮。

③打开 Google 浏览器。

④将网页文件拖动到打开的 Google 浏览器中。

安装 Visual Studio Code 编辑器

 **安装 Visual Studio Code 编辑器**

【任务描述】

在构建新零售智能销售平台之前，需要先安装主要且通用的编辑器（此处为 Visual Studio Code 编辑器），并在此基础上进行一个项目的集成测试，以保证新零售智能销售平台的构建质量和开发效率，进而更好地推动新零售智能销售平台的全面开发。

【任务要求】

（1）安装 Visual Studio Code 编辑器。

（2）创建一个项目。

【相关知识】

搭建一个完整的前端可视化开发环境需要安装多种软件，如代码编辑器的软件、运行环境的软件和创建框架的软件等。表 1-1 介绍了本书搭建完整的前端可视化开发环境所需的软件及其说明。

表 1-1　本书搭建完整的前端可视化开发环境所需的软件及其说明

软　件	版　本	说　明
Visual Studio Code 编辑器	1.64.2	Visual Studio Code 为轻量级且功能强大的源代码编辑器，用于项目开发中的代码编写
Node.js	16.20.2	Node.js 是基于 Chrome V8 引擎的 JavaScript 运行环境
npm	8.19.4	npm 是 Node.js 的默认包管理器，用于为 Node.js 的包和模块提供在线存储库及命令行程序，以帮助开发者管理 Node.js 包
Vue	2.6.14	Vue 是一款用于构建用户界面的渐进式 JavaScript 框架，用于创建可维护性和可测试性更强的代码库
Element UI	2.15.14	Element UI 是基于 Vue 2.0 的桌面端组件库，用于创建前端框架
ECharts	5.2.0	ECharts 是基于 JavaScript 的开源可视化图表库，用于实现数据可视化
Webpack	5.69.1	Webpack 是 JavaScript 应用程序的静态模块打包工具

【任务实施】

步骤 1　安装 Visual Studio Code 编辑器

Visual Studio Code 是一款免费且开源的源代码编辑器。它支持 JavaScript、TypeScript 和 Node.js，并为其他语言（C++、C#、Java、Python、PHP、Go）和开发平台（如.NET 和 Unity）提供了丰富的扩展生态系统。

安装 Visual Studio Code 编辑器的具体步骤如下。

（1）进入 Visual Studio Code 编辑器官方网站，单击"Updates"菜单，如图 1-23 所示。

图 1-23　单击"Updates"菜单

（2）选择页面左侧的"January 2022"选项，页面转到 1.64 版本的 Visual Studio Code 编辑器安装文档。单击"User"按钮开始下载 Visual Studio Code 编辑器的安装包，如图 1-24 所示。

图 1-24　下载 Visual Studio Code 编辑器的安装包

（3）单击下载好的 Visual Studio Code 编辑器的安装包，在弹出的"安装"对话框中选中"我同意此协议"单选框同意上述协议并单击"下一步"按钮，如图 1-25 所示。

（4）单击"浏览"按钮，在指定路径下安装 Visual Studio Code 编辑器，选择完成后单击"下一步"按钮，如图 1-26 所示。

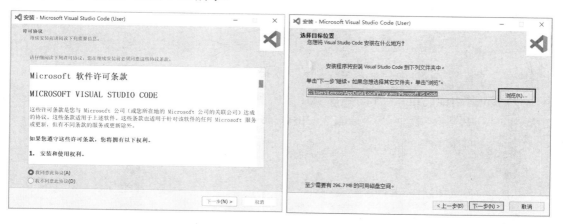

图 1-25　安装 Visual Studio Code 编辑器步骤 1　　图 1-26　安装 Visual Studio Code 编辑器步骤 2

（5）单击"浏览"按钮，在指定路径下创建 Visual Studio Code 编辑器的快捷方式，选择完成后单击"下一步"按钮，如图 1-27 所示。

（6）勾选"创建桌面快捷方式"复选框，创建 Visual Studio Code 编辑器在桌面上的快捷方式，其他复选框都保持默认状态，单击"下一步"按钮，如图 1-28 所示。

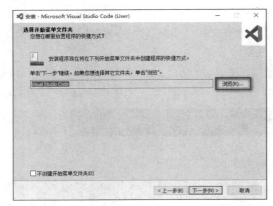
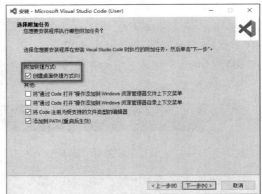

图 1-27　安装 Visual Studio Code 编辑器步骤 3　　图 1-28　安装 Visual Studio Code 编辑器步骤 4

（7）单击"安装"按钮，如图 1-29 所示，等待安装结束。

（8）勾选"运行 Visual Studio Code"复选框，安装完成后直接运行 Visual Studio Code 编辑器，单击"完成"按钮，如图 1-30 所示，即可完成 Visual Studio Code 编辑器的安装。

图 1-29　安装 Visual Studio Code 编辑器步骤 5　　图 1-30　安装 Visual Studio Code 编辑器步骤 6

（9）运行 Visual Studio Code 编辑器后会出现如图 1-31 所示的页面。单击如图 1-31 左侧所示的"扩展"按钮，可为 Visual Studio Code 编辑器安装其他扩展。

图 1-31　运行 Visual Studio Code 编辑器后出现的页面

（10）为Visual Studio Code编辑器安装其他扩展。在扩展页面的搜索框中输入"Chinese"，找到"Chinese（Simplified）"扩展，单击"Install"按钮为Visual Studio Code编辑器安装中文扩展，如图1-32所示。安装完成后重启Visual Studio Code编辑器可将Visual Studio Code编辑器的英文系统修改为中文系统。

（11）根据步骤（10），完成Python、Vue、Vetur扩展的安装。

（12）安装完扩展后，单击Visual Studio Code编辑器菜单栏中的"文件"菜单，打开要放置".html"文件的文件夹，如图1-33所示。

图 1-32　为 Visual Studio Code 编辑器
安装中文扩展

图 1-33　打开文件夹

（13）单击"资源管理器"栏下的"新建文件"按钮，新建文件，如图1-34所示。

（14）单击"新建文件"按钮后，"资源管理器"栏下会出现一个输入框，在输入框中输入"test.html"后按"Enter"键，创建一个".html"文件，如图1-35所示。

图 1-34　新建文件

图 1-35　创建一个".html"文件

另外，Visual Studio Code编辑器默认自动更新最新版本，读者可以根据自己的需求，通过搜索"update mode"禁用自动更新功能。

步骤 2　创建一个项目

接下来请读者充分发挥科学探索精神，使用安装好的工具并基于任务1.1～任务1.3搭建好的Vue可视化开发环境创建一个项目，探索基于前端项目的创建方法，熟悉前端可视化项目开发的基本代码结构。通过实际操作掌握在工程项目中引入Node.js、Vue、Element

UI 和 ECharts 开发框架的方法和技能。

利用搭建好的前端可视化开发环境，在 Visual Studio Code 编辑器中创建一个".html"文件，并引入 Vue、Element UI 和 ECharts 创建新项目，实现图书销售数据的可视化。

新建项目的代码如代码 1-4 所示。

代码 1-4　创建一个项目

```html
<!DOCTYPE html>
<html>
<head>
  <meta charset="utf-8" />
  <!--引入 Vue-->
  <script src="vue.js"></script>
  <!-- 引入 ECharts -->
  <script src="package/dist/echarts.js"></script>
  <!-- 引入样式 -->
  <link rel="stylesheet" href="https://******/element-ui/lib/theme-chalk/index.css">
  <!-- 引入 Element UI -->
  <script src="https://******/element-ui/lib/index.js"></script>
</head>
<body>
  <div id="app">
    <el-table :data="tableData" style="width: 100%">
      <el-table-column prop="commodity" label="图书" width="200">
      </el-table-column>
      <el-table-column prop="sales" label="销售量" width="90">
      </el-table-column>
    </el-table>
  </div>
  <br>
  <!-- 为 ECharts 准备一个定义了宽高的 DOM -->
  <div id="main" style="width: 900px;height:200px;"></div>
</body>
<script>
  var app = new Vue({
    el: '#app',
    data() {
      return {
        tableData: [{
          commodity: '《共产党宣言》', sales: '500',
        }, {
          commodity: '《思想道德修养与法律基础》', sales: '940',
        }, {
```

（续）

```
            commodity: '《马克思主义基本原理概论》', sales: '680',
        }, {
            commodity: '《中国近代史纲要》', sales: '720',
        }]
        }
    }
})
</script>
<script type="text/javascript">
    // 基于准备好的 DOM，初始化 ECharts 实例
    var myChart = echarts.init(document.getElementById('main'));
    // 指定图表的配置项和数据
    var option = {
        title: {
            text: '图书销售数据可视化'
        },
        tooltip: {},
        legend: {
            data: ['销售量']
        },
        xAxis: {
            data: ['《共产党宣言》', '《思想道德修养与法律基础》', '《马克思主义基本原理概论》', '《中国近
代史纲要》']
        },
        yAxis: {},
        series: [
            {
                name: '销售量',
                type: 'bar',
                data: [500, 940, 680, 720]
            }
        ]
    };
    // 使用刚指定的配置项和数据显示图表
    myChart.setOption(option);
</script>
</body>
</html>
```

在页面中运行代码 1-4，结果如图 1-36 所示。

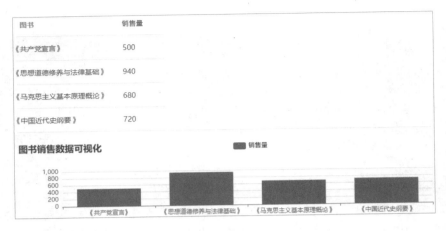

图1-36 代码运行结果

模块小结

随着大数据应用的发展，许多前端开发技术也随之打开了新的篇章。本模块从前端开发的常用技术出发，介绍了当前备受关注的 Vue 前端框架、Element UI 组件库、ECharts 可视化库的概念、发展历程、优势及其应用，并详细介绍了搭建前端可视化开发环境所需的软件，以及运用搭建好的环境创建一个简单的前端可视化开发项目的操作过程。

通过本模块的学习，读者不仅能够了解前端开发技术的理论知识，还能够搭建前端可视化开发环境，从而增强知识储备，提升动手实践能力，进而激发创新意识。

课后作业

（1）下列关于 Vue 的优势说法错误的是（　　　）。

    A．双向数据绑定　　　　　　　　　　B．轻量级框架

    C．增加代码的耦合度　　　　　　　　D．实现组件化

（2）Element UI 的设计原则不包括（　　　）。

    A．高耦合　　　　B．一致　　　　C．效率　　　　D．反馈

（3）随着 ECharts 的不断迭代和更新，2020 年 ECharts 版本升级至（　　　），并完成了五大模块、15 项特性的全面升级。

    A．2.0　　　　B．3.0　　　　C．4.0　　　　D．5.0

（4）下列关于 Vue 的说法错误的是（　　　）。

    A．Vue 与 Angular.js 都可以用来创建复杂的前端可视化项目

    B．Vue 的优势主要包括轻量级、双向数据绑定

    C．Vue 在进行实例化之前，应确保已经引入核心文件 vue.js

    D．Vue 与 React 的语法是完全相同的

（5）在下列选项中，用于引入 vue.js 文件的标签是（　　　）。

    A．<a>　　　　B．<script>　　　　C．<style>　　　　D．<link>

模块2 设计新零售智能销售平台的基础页面
——Element UI 的应用

活字印刷术的发明者毕昇在长期的雕版工作中发现雕版最大的缺点就是每印一本书都要耗费大量的时间和印刷成本重新雕一次版。如果改用活字版，那么只需要雕刻一副活字，就可以排印任何书籍，大大提高印刷效率。

毕昇利用活字印刷术，使印刷工作变得简单而高效。我们在学习过程中也要像毕昇一样善用资源，提高学习效率。Element UI 的作用就如同活字印刷一样，通过对组件的设置、组合，可以让用户在较短时间内完成前端可视化项目开发工作。本模块主要介绍 Element UI 中组件的基本内容和参数，以及如何使用 Element UI 中的常见组件。

 【教学目标】

1. 知识目标
（1）掌握各个页面布局组件的基本用法。
（2）掌握 NavMenu、Pagination、Dialog、Icon、Tooltip 等组件的参数和用法。
（3）掌握各个数据组件、表单组件的参数和用法。

2. 技能目标
（1）能够使用页面布局组件进行页面自由布局。
（2）能够使用 NavMenu、Pagination、Dialog、Icon、Tooltip 等组件创建前端页面。
（3）能够使用数据组件展示数据。
（4）能够使用表单组件创建表单。

3. 素养目标
（1）开拓学生思维，提高创新能力。
（2）培养学生在学习、生活中吃苦耐劳、精益求精的精神。
（3）树立正确的时间观念，学会珍惜时间。
（4）培养学生不怕困难、迎难而上的精神。

设计新零售智能
销售平台基础
页面布局

任务 2.1 平台基础页面布局

【任务描述】

随着新零售智能销售设备的发展规模不断扩大，数据量也在不断增加。因此，某商家搭建了一个新零售智能单页面，即新零售智能销售数据管理与可视化平台。商家利用该平台对产生的数据进行分析，从而制定营销策略。为了增强平台的视觉效果，使新零售智能销售数据及其分析图像的展示更加规范，可以对页面进行布局，如图 2-1 所示。

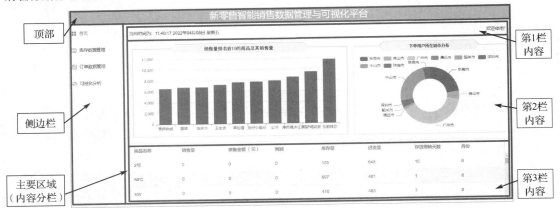

图 2-1　新零售智能单页面的布局

【任务要求】

（1）将页面划分为顶部、侧边栏和主要区域 3 个部分。
（2）对主要区域进行分栏。
（3）编写页面整体布局代码。

【相关知识】

2.1.1　Layout 栅格化布局

栅格化布局是指通过一系列行与列的组合进行页面的布局，使页面内容更加规范、整洁，给予用户更好的视觉体验。在 Bootstrap 的栅格化布局中，系统把页面中的每行划分为12 个分栏，通过指定每个分栏所占的百分比，设计页面的布局。在 Element UI 中也实现了类似的栅格化布局，即使用 Layout 组件将页面的每行划分为 24 个分栏。

Layout 组件是 Element UI 基础组件（Basic）中的一种，另外，基础组件还有 Container 容器、Icon 组件等。基础组件是构建页面最基本的组件，具有构建页面布局、更改色彩或字体、添加按钮或链接等功能。

1. 基本概念

栅格化布局（Layout）将页面的每行分为 24 等份，栅格化布局中包含 row 组件和 col 组件，其中，row 组件是 col 组件的父组件。应用 Element UI 框架设计页面，所用组件的标签名称格式均为 "el-" 前缀+组件名称。在栅格化布局中分别使用 el-row 标签和 el-col 标签创建 row 组件和 col 组件，实现页面布局的设计。

Layout 组件为用户提供了一些参数，用于进行页面布局的自由混合。其常用参数说明如表 2-1 所示。

表 2-1　Layout 组件的常用参数说明

组件名称	参数名称	参数说明
row	gutter	接收 number。用于指定每个分栏之间的间隔，单位为 px。默认值为 0
	type	接收 string。表示布局模式，可选值为 flex 布局。无默认值
	justify	接收 string。表示水平方向排版，需要启用 flex 布局，其可选值为 center、start、end、space-between、space-around。center 表示分栏居中对齐；start 表示分栏左对齐；end 表示分栏右对齐；space-between 表示分栏两端对齐；space-around 表示分栏左右各占半个空格对齐。默认值为 start
	align	接收 string。表示垂直方向排版，需要启用 flex 布局，其可选值为 middle、top、bottom。middle 表示分栏居中对齐；top 表示分栏顶部对齐；bottom 表示分栏底部对齐。无默认值
col	span	接收 number。表示分栏的宽度，即分栏的占位栏数。默认值为 24
	offset	接收 number。表示分栏偏移的栏数。默认值为 0
	xs	接收 number、object。表示响应尺寸，屏幕在<768px 分辨率下分栏的宽度。无默认值
	sm	接收 number、object。表示响应尺寸，屏幕在≥768px 分辨率下分栏的宽度。无默认值
	md	接收 number、object。表示响应尺寸，屏幕在≥992px 分辨率下分栏的宽度。无默认值
	lg	接收 number、object。表示响应尺寸，屏幕在≥1200px 分辨率下分栏的宽度。无默认值
	xl	接收 number、object。表示响应尺寸，屏幕在≥1920px 分辨率下分栏的宽度。无默认值

Layout 组件通过设置在不同分辨率下分栏的宽度来实现响应式布局。Layout 组件提供的响应式尺寸包含 5 个，分别是 xs、sm、md、lg 和 xl，这 5 个尺寸的说明已在表 2-1 中进行介绍。响应式布局通常会设置在多个分辨率下分栏的宽度。

从书本上学到的知识都是与生活息息相关的，努力学习书本上的知识，在实践中融会贯通，才能将学到的知识运用到生活中去。例如，因为不同智能手机的分辨率在大多数情况下是不一样的，所以人们将响应式布局应用到生活中。在较大的分辨率下，用户可以设置每个分栏的宽度为 8；在较小的分辨率下，用户可以设置每个分栏的宽度为 24（即占屏幕的全部宽度），这样就保证了在分辨率小的屏幕上也可以完整、清晰地显示全部内容。

➡ 2. 实现 Layout 栅格化布局

在网页设计中，为了能让页面的内容更加优雅和严谨，设计师可以使用分栏的方法，对宽度进行更有意义的划分，从而吸引用户进行访问。某阅读网站使用 Layout 组件对页面内容进行分栏，让文章版面更加美观整洁，从而提高读者阅读体验。阅读不仅是不同时期知识积累与认知程度提高的最好途径，还有助于开阔视野。因此，我们在生活、学习中可以通过阅读积累知识，培养广泛的兴趣爱好。

对页面内容进行分栏的结果如图 2-2 所示。

图 2-2　页面内容分栏结果

在 Element UI 中实现如图 2-2 所示的页面内容分栏，主要代码如代码 2-1 所示。

代码 2-1　页面内容分栏的主要代码

```
<div id="app">
 <el-row> <!-- 设置第 1 行的内容 -->
  <!-- 设置分栏的宽度为 8，添加样式 -->
  <el-col :span="8"><div class="class1"></div></el-col>
  <el-col :span="8"><div class="class2"></div></el-col>
  <el-col :span="8"><div class="class1"></div></el-col>
 </el-row>
 <el-row> <!-- 设置第 2 行的内容 -->
  <!-- 设置分栏的宽度为 6，添加样式 -->
  <el-col :span="6"><div class="class1"></div></el-col>
  <el-col :span="6"><div class="class2"></div></el-col>
  <el-col :span="6"><div class="class1"></div></el-col>
  <el-col :span="6"><div class="class2"></div></el-col>
 </el-row>
 <el-row> <!-- 设置第 3 行的内容 -->
  <!-- 设置分栏的宽度为 4，添加样式 -->
  <el-col :span="4"><div class="class1"></div></el-col>
  <el-col :span="4"><div class="class2"></div></el-col>
  <el-col :span="4"><div class="class1"></div></el-col>
  <el-col :span="4"><div class="class2"></div></el-col>
  <el-col :span="4"><div class="class1"></div></el-col>
  <el-col :span="4"><div class="class2"></div></el-col>
 </el-row>
</div>
<style>
 /* 自定义样式 */
 .class1{
  background: #d3dce6; /* 设置背景颜色 */
  min-height: 35px; /*设置段落的最小高度 */
  margin-bottom: 10px /*设置元素的下外边距 */
 }
 .class2{
  background: #e5e9f2;
  min-height: 35px;
  margin-bottom: 10px

 }
</style>
```

2.1.2　Container 容器布局

Layout 组件的应用场景通常是页面局部布局。对于整个页面的布局，Element UI 提供了 Container 容器。合理的页面整体布局可以增强页面的视觉效果，实现信息的有效传递。

➡1. 基本概念

Container 容器由 5 个容器组成，分别为<el-container>（外层容器）、<el-header>（顶栏容器）、<el-aside>（侧边栏容器）、<el-main>（主要区域容器）和<el-footer>（底栏容器）。

通过容器之间的组合、嵌套，可以构建不同的页面布局。<el-container>作为最外层的容器，是其余 4 个容器的父元素，当它的子元素中包含<el-header>或<el-footer>时，所有的子元素默认垂直排列；当不包含<el-header>或<el-footer>时，所有的子元素默认水平排列。

此外，<el-container>的子元素只能是其余 4 个容器或另一个外层容器；其余 4 个容器的父元素也只能是外层容器，不可以是其他，如<div>等。

Container 容器为用户提供了一些参数，用于容器布局的设计。Container 容器的常用参数说明如表 2-2 所示。

表 2-2　Container 容器的常用参数说明

容器组件	参数名称	参数说明
container	direction	接收 string。表示子元素的排列方向，其可选值为 horizontal、vertical，horizontal 表示水平方向，vertical 表示垂直方向。当子元素包含<el-header>或<el-footer>时，默认值为 vertical；否则，默认值为 horizontal
header	height	接收 string。表示顶栏的高度。默认值为 60px
aside	width	接收 string。表示侧边栏的宽度。默认值为 300px
footer	height	接收 string。表示底栏的高度。默认值为 60px

➡2. 实现 Container 容器布局

设计一个页面布局，需要以用户体验为前提。设计者可以使用分块原则，将页面上相近的内容组织到一个模块中，使整个页面的结构和信息层次变得更加清晰，让用户有更好的体验。在学习过程中，读者也可以利用内容归类、分块总结等方法，将学到的知识有层次地展现出来，加深自己对知识的理解，弄清知识点之间的关系。设计者为了有效地降低用户对某网站的理解成本，让页面上的内容更有层次，对页面的整体布局进行了重新设计。

使用 Container 容器进行页面布局，结果如图 2-3 所示。

在 Element UI 中实现如图 2-3 所示的页面布局，主要代码如代码 2-2 所示。

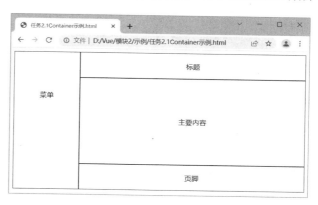

图 2-3　页面布局结果

代码 2-2　页面布局的主要代码

```
<div id="app">
  <el-container> <!-- 设置外层容器-->
    <!--设置侧边栏容器，宽度为 150px-->
    <el-aside width="150px">菜单</el-aside>
    <!-- 使用容器的嵌套，容器按垂直方向排列 -->
    <el-container>
      <el-header>标题</el-header> <!--设置顶栏容器-->
      <el-main>主要内容</el-main> <!--设置主要区域容器-->
      <el-footer>页脚</el-footer> <!--设置底栏容器-->
    </el-container>
  </el-container>
</div>
<style>
  /* 直接对容器进行样式设置 */
  /* 设置顶栏容器、底栏容器的样式 */
  .el-header,.el-footer {
    border: 1px solid #000; /* 设置 4 个边框的样式 */
    text-align: center; /* 设置文本对齐方式 */
    line-height: 60px; /* 设置行高 */
  }
  /* 设置侧边栏容器的样式 */
  .el-aside {
    border: 1px solid #000;
    text-align: center;
    line-height: 200px;
  }
  /* 设置主要区域容器的样式 */
  .el-main {
    border: 1px solid #000;
    text-align: center;
    line-height: 160px;
  }
</style>
```

【任务实施】

步骤 1　将页面划分为顶部、侧边栏和主要区域 3 个部分

设计新零售智能销售
平台基础页面布局
（任务实施）

　　通过 Container 容器将页面划分为 3 个部分：顶部、侧边栏和主要区域。其内容分别为"新零售智能销售数据管理与可视化平台""左侧导航""主要区域"。页面划分的主要代码如代码 2-3 所示。

代码 2-3　页面划分的主要代码

```
<el-container> <!-- 设置外层容器-->
  <!--设置顶栏容器-->
  <el-header>新零售智能销售数据管理与可视化平台</el-header>
  <el-container>
    <!--设置侧边栏容器，宽度为 150px-->
    <el-aside width="150px">左侧导航</el-aside>
    <!--设置主要区域容器-->
    <el-main>主要区域</el-main>
  </el-container>
</el-container>
```

页面划分的结果如图 2-4 所示。

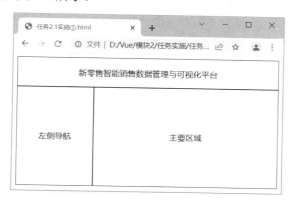

图 2-4　页面划分的结果

步骤 2　对主要区域进行分栏

基于代码 2-3，对主要区域进行内容分栏。内容分栏的主要代码如代码 2-4 所示。

代码 2-4　内容分栏的主要代码

```
<el-row :gutter="10"> <!-- 设置第 1 行内容，间隔为 10 -->
  <!-- 设置分栏的宽度为 24，添加样式 -->
  <el-col :span="24"><div class="class1"></div></el-col>
</el-row>
<el-row :gutter="10"> <!-- 设置第 2 行内容，间隔为 10 -->
  <el-col :span="18"><div class="class1"></div></el-col>
  <el-col :span="6"><div class="class1"></div></el-col>
</el-row>
<el-row :gutter="10"> <!-- 设置第 3 行内容，间隔为 10 -->
  <el-col :span="24"><div class="class1"></div></el-col>
</el-row>
```

内容分栏的结果如图 2-5 所示。

图 2-5　内容分栏的结果

步骤 3　编写页面整体布局代码

将代码 2-4 中的代码放置于代码 2-3 的主要区域中，对页面进行整体布局，并设置样式。页面整体布局的主要代码如代码 2-5 所示。

代码 2-5　页面整体布局的主要代码

```
<div id="app">
 <el-container> <!-- 设置外层容器-->
  <!--设置顶栏容器-->
  <el-header>新零售智能销售数据管理与可视化平台</el-header>
  <el-container>
   <!--设置侧边栏容器，宽度为 150px-->
   <el-aside width="150px">左侧导航</el-aside>
   <!--设置主要区域容器-->
   <el-main>
    //内容分栏放置区
   </el-main>
  </el-container>
 </el-container>
</div>
```

> 提示：在代码 2-5 中省略了代码 2-4 中介绍过的内容分栏的主要代码，省略代码的放置区已在代码 2-5 中有所体现。根据提示耐心地编写完整代码，实现新零售智能销售平台页面的整体布局。

新零售智能销售平台页面布局结果如图 2-6 所示。

图 2-6　新零售智能销售平台页面布局结果

由图 2-6 可知，页面被划分为顶部、侧边栏与主要区域 3 个部分，其中，主要区域包括 3 行内容。

任务 2.2　创建平台导航菜单

【任务描述】

随着商家销售规模的不断扩大，新零售智能销售数据与内容也在不断增加，这也增加了商家管理数据的难度。为了在复杂的页面中能够快速地查询所需要的信息，便捷地管理不同数据，某商家在新零售智能销售平台页面上利用导航菜单为页面增加了导航功能，如图 2-7 所示。导航菜单就相当于网站的路标，用来指引用户，让用户能够在页面中更快速地查询所需要的信息。

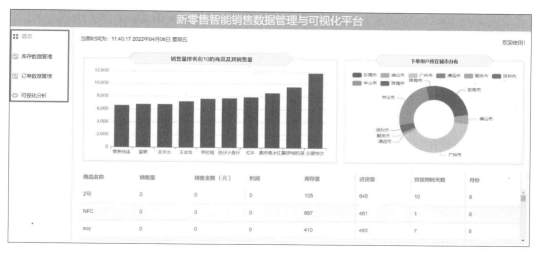

图 2-7　新零售智能销售平台页面的导航菜单

【任务要求】

（1）创建导航菜单并设置样式。
（2）实例化导航菜单。

【相关知识】

设计平台导航菜单

2.2.1　基本概念

导航菜单是为网站提供导航功能的菜单，主要作用是将内容按照信息架构结合在一起，帮助用户在复杂的页面中快速查询所需要的信息。Element UI 提供了 NavMenu 组件，用于创建导航菜单。NavMenu 组件属于导航类组件（Navigation）。导航类组件用于将零散的内容与功能按照某种联系进行连接后展现在用户面前。

导航菜单（NavMenu）中包含 menu 组件、menu-item 组件、submenu 组件和 menu-item-group 组件，menu 组件是其他 3 个组件的父组件。

NavMenu 组件通过 menu 组件创建整体菜单，通过 menu-item 组件添加菜单命令，通过 submenu 组件生成二级菜单，通过 menu-item-group 组件实现菜单分组功能。分组有两种命名方式，第 1 种是通过 title 参数设定；第 2 种是在<div>标签中指定具名插槽（slot）的名称为"title"，如"<div slot="title">分组名称</div>"。

NavMenu 组件为用户提供了一些参数，用于进行菜单的设计。其常用参数说明如表 2-3 所示。

表 2-3　NavMenu 组件的常用参数说明

组件名称	参数名称	参数说明
menu	mode	接收 string。表示菜单的排版模式，其可选值为 horizontal、vertical。horizontal 表示水平方向；vertical 表示垂直方向。默认值为 vertical
	default-active	接收 string。表示初始被激活菜单项的索引（index）。无默认值
	background-color	接收 string。表示菜单的背景颜色。默认值为#ffffff
	text-color	接收 string。表示菜单文字的颜色。默认值为#303133
	active-text-color	接收 string。表示被激活菜单项的文字颜色。默认值为#409EFF
	collapse	接收 boolean。表示是否收起菜单，当 mode 的值为 horizontal 时有效。默认值为 false
menu-item submenu	index	接收 string、null。表示菜单中的唯一标识。默认值为 null
menu-item-group	title	接收 string。表示菜单的分组名称。无默认值

2.2.2　实现 NavMenu 导航菜单

随着经济的发展与餐饮业的壮大，餐饮品种不断增多。交易行为的可选择性促使了菜单的出现。在餐饮市场中，菜单的重要性越来越被餐饮企业认识。

某餐馆为了方便顾客选择菜品，制作了介绍菜品的菜单。与此同时，餐馆还在菜单上标注了食材的分量，用于提醒顾客要勤俭节约、切勿铺张浪费。

介绍菜品的菜单如图 2-8 所示。

图 2-8　介绍菜品的菜单

在 Element UI 中实现如图 2-8 所示的菜单，主要代码如代码 2-6 所示。

代码 2-6　制作菜单的主要代码

```
<!-- 设置被激活菜单项的 index，以及被激活菜单项的文字颜色 -->
<el-menu default-active="2-2" active-text-color="#8dbdf3">
 <!-- 添加菜单命令 -->
 <el-menu-item index="1">冷盘</el-menu-item>
 <!-- 设置二级菜单 -->
 <el-submenu index="2">
 <template slot="title">热炒</template>
 <!-- 菜单分组，使用 title 参数进行分组命名-->
 <el-menu-item-group title="清淡">
  <!-- 添加菜单命令 -->
  <el-menu-item index="2-1">东江酿豆腐（一人份）</el-menu-item>
 </el-menu-item-group>
 <el-menu-item-group title="麻辣">
  <!-- 添加菜单命令 -->
  <el-menu-item index="2-2">水煮鱼（多人份）</el-menu-item>
 </el-menu-item-group>
 </el-submenu>
</el-menu>
```

在代码 2-6 中，使用 submenu 组件设置了 2 个二级菜单，并使用 slot 命名，使用 menu-item 组件为二级菜单添加菜单命令。在第 2 个二级菜单中，使用 menu-item-group 组件对菜单进行分组。

【任务实施】

步骤 1　创建导航菜单并设置样式

设计平台导航菜单
（任务实施）

利用 menu-item 组件添加 4 个菜单命令，分别为首页、库存数据管理、订单数据管理、可视化分析，并为菜单添加样式，设置菜单的高度。创建导航菜单的主要代码如代码 2-7 所示。

代码 2-7　创建导航菜单的主要代码

```
<div id="app">
<!--创建导航菜单-->
<el-menu class="left-menu"> <!--设置菜单样式-->
 <el-menu-item index="/first"> <template>首页</template>
 </el-menu-item>
 <!-- 添加菜单命令 -->
 <el-menu-item index="/subscriber"> <template>库存数据管理</template>
 </el-menu-item>
 <el-menu-item index="/sales"><template>订单数据管理</template>
```

（续）

```
      </el-menu-item>
      <el-menu-item index="/visual"><template>可视化分析</template>
      </el-menu-item>
    </el-menu>
  </div>
  <style>
  /* 设置菜单样式 */
  .left-menu{
    height: 100vh; /* 设置高度 */
  }
  </style>
```

创建导航菜单的结果如图 2-9 所示。

图 2-9   创建导航菜单的结果

步骤 2   实例化导航菜单

基于代码 2-5，在左侧导航中添加代码 2-7 实现的导航菜单，并实例化导航菜单，如代码 2-8 所示。

代码 2-8   添加并实例化导航菜单

```
<el-container> <!-- 设置外层容器-->
  <!--设置顶栏容器-->
  <el-header>新零售智能销售数据管理与可视化平台</el-header>
  <el-container>
    <!--设置侧边栏容器，宽度为150px，左侧导航-->
    <el-aside width="150px">
      //导航菜单放置区
    </el-aside>
    <!--主要区域-->
    <el-main>
      //内容分栏放置区
    </el-main>
  </el-container>
</el-container>
```

提示：在代码 2-8 中省略了代码 2-7 和代码 2-4 中介绍过的导航菜单的创建和内容分栏的代码，省略代码的放置区已在代码 2-8 中有所体现。根据提示严谨地编写完整代码，实现新零售智能销售平台页面的导航功能。

添加并实例化导航菜单的结果如图 2-10 所示。

图 2-10　添加并实例化导航菜单的结果

由图 2-10 可知，页面由 3 个部分组成，其中左侧导航部分添加了导航菜单，商家可以根据菜单快速找到想要查询的信息。

任务 2.3　创建订单数据表格

【任务描述】

订单数据是新零售体系的核心模块之一，也是连接用户与商家的桥梁。因此在新零售智能销售数据管理与可视化平台上，某商家针对用户行为产生的数据，创建了订单数据表格，用于记录不同的数据信息，订单数据表格如图 2-11 所示。通过实时记录数据，对用户行为产生的一系列数据进行汇总管理和分析，可以帮助商家做出正确的判断，以便制定更合理的营销策略。而在生活中，人们在做出某一项决策时，同样需要经过认真的分析与研究，了解事情的前因后果，只有这样才能做出正确的判断，采取正确的措施。

图 2-11　订单数据表格

【任务要求】

（1）设置表格结构。
（2）在 data()代码块中定义订单数据。
（3）设置表格样式。

创建订单数据
表格

【相关知识】

2.3.1 表格

在日常生活中，人们经常使用表格存储、整理数据。表格应用于人们日常生活中的许多方面，如记录手写数据、处理财务等。Element UI 提供了用于创建表格的 Table 组件。

Table 组件属于 Element UI 中的数据类组件（Data）。数据类组件用于对数据进行展示、标记、筛选、拆分等操作。

1. 基本概念

表格（Table）不仅用于展示结构类似的数据，还用于对数据进行排列、筛选等操作。Table 组件中包含 table 组件和 table-column 组件，table 组件是 table-column 组件的父组件。Table 组件通过 table 组件实现整张表格的制作，通过 table-column 组件为表格设置每列的标签、键名等。

将 table 组件中的 data 参数设置为输入的数组，通过将 table-column 组件中的 prop 参数与数组中的键名相对应，填入相应数据。

Table 组件为用户提供了一些参数，用于进行表格的设计。其常用参数说明如表 2-4 所示。

表 2-4　Table 组件的常用参数说明

组 件 名 称	参 数 名 称	参 数 说 明
table	data	接收 array。表示显示的数据。无默认值
	height	接收 string、number。表示表格的高度，高度会受控于外部样式。无默认值
	stripe	接收 boolean。表示是否带有斑马纹。默认值为 false
	border	接收 boolean。表示是否带有纵向边框。默认值为 false
	highlight-current-row	接收 boolean。表示是否高亮当前行。默认值为 false
table-column	type	接收 string。表示对应列的类型，其可选值为 selection、index、expand。selection 表示该列显示为复选框；index 表示该列显示为每行的索引；expand 表示该列显示为一个可展开的按钮。无默认值
	label	接收 string。表示每列显示的标题。无默认值
	prop	接收 string。表示对应列内容的字段名。无默认值
	fixed	接收 string、boolean。表示列是否固定在表格左侧或右侧，其可选值为 true、left、right。true 或 left 表示列固定在表格左侧；right 表示列固定在表格右侧。无默认值
	width	接收 string。表示对应列的宽度。无默认值

➋2．实现表格

中国戏曲是中华民族传统文化的一个重要组成部分。欣赏戏曲不仅能得到艺术上的熏陶，获得审美上的享受，还可以在无形中传承中华民族传统文化。读者可以从认识和了解中国五大戏曲剧种开始，切实感受我国戏曲文化的博大精深，进而增强学习和传承戏曲艺术的责任感。某学校为了让学生切实感受戏曲的魅力，使用表格对中国五大戏曲剧种进行了简单的介绍，如图 2-12 所示。

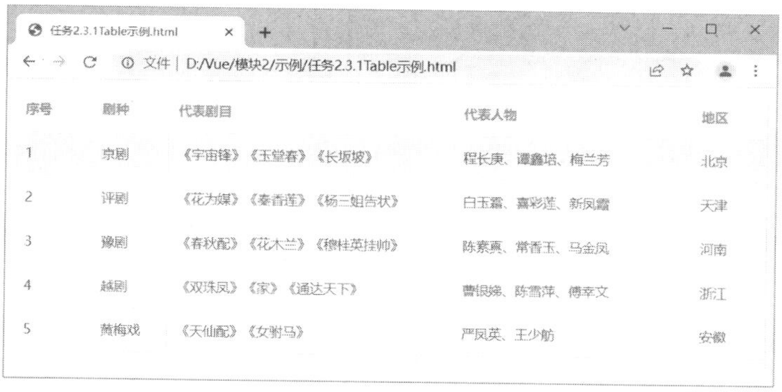

图 2-12　介绍中国五大戏曲剧种的表格

在 Element UI 中实现如图 2-12 所示的表格，主要代码如代码 2-9 所示。

代码 2-9　实现表格的主要代码

```html
<div id="app">
  <!-- 添加表格数据，设置表格属性 -->
  <el-table :data="tableData" style="width: 100%" border height="300">
    <!-- 设置表格每列的字段名、标签 -->
    <el-table-column prop="id" label="序号"></el-table-column>
    <el-table-column prop="opera" label="剧种"></el-table-column>
    <el-table-column prop="operaname" label="代表剧目" width="300"></el-table-column>
    <el-table-column prop="people" label="代表人物" width="250"></el-table-column>
    <el-table-column prop="address" label="地区"></el-table-column>
  </el-table>
</div>
<script>
// 创建一个 Vue 实例
const app = new Vue({
  el: '#app',
  data() {
    return {
      tableData: [{ // 插入数据
        id: '1', /* 第 1 行数据的内容 */
        opera: '京剧',
        operaname: '《宇宙锋》《玉堂春》《长坂坡》',
```

（续）

```
            people: '程长庚、谭鑫培、梅兰芳',
            address: '北京',
        },
        //其他行数据放置区
    ],
    }
    }
})
</script>
```

> **提示**：在代码 2-9 中，通过在 data()代码块中定义 tableData 数组来实现页面数据的
> 设置。本代码省略了部分数据插入的代码，省略代码的放置区已在代码 2-9 中有所体现，
> 参照第 1 行数据，耐心编写其他行数据。

2.3.2 标签

在日常生活中，为了便于查找、定位目标，人们给目标指定关键词，用于标志目标产品的类别或内容。Element UI 提供了 Tag 组件，用于创建标签。

标签（Tag）用于标记或选择某一个事物。Tag 组件中包含 tag 组件，通过 tag 组件创建标签。

Tag 组件为用户提供了一些参数，用于进行标签的设计。其常用参数说明如表 2-5 所示。

表 2-5　Tag 组件的常用参数说明

参 数 名 称	参 数 说 明
type	接收 string。表示标签的类型，其可选值为 success、info、warning、danger。success 表示成功类型；info 表示信息类型；warning 表示警告类型；danger 表示危险类型。无默认值
color	接收 string。表示标签的背景颜色。无默认值
size	接收 string。表示标签的尺寸，其可选值为 medium、small、mini。medium 表示中等尺寸；small 表示小号尺寸；mini 表示超小号尺寸。无默认值

某商家为了方便用户浏览购物网站，改善用户体验，提高点击率，利用 Tag 组件设置了标签，对商品进行分类，把相同类型的商品归纳在一起，如图 2-13 所示。网站管理者将商品归纳好，可以帮助用户快速地查找所需商品。而归纳在学习上同样是一个吸收知识的良好途径。例如，学生可以对学习资料进行分门别类的整理，把种类相同的知识点整理归纳到一起。在这个过程中，学生会不知不觉地完成知识内容的精炼，掌握该知识点，思维能力也会得到锻炼和提高。

图 2-13　设置标签

在 Element UI 中实现如图 2-13 所示的标签，主要代码如代码 2-10 所示。

代码 2-10　设置标签的主要代码

```
<!-- 设置标签的类型 -->
<el-tag type="success">学习用品</el-tag>
<el-tag type="info">电子设备</el-tag>
<el-tag type="warning">鞋类箱包</el-tag></el-tag>
<el-tag type="danger">百货</el-tag>
```

2.3.3　树形控件

在日常生活中，人们经常使用树形结构来展示文件夹、组织架构、生物分类等的层级关系。Element UI 提供了 Tree 组件，用于创建树形控件。

1．基本概念

树形控件（Tree）使用清晰的层级结构来展示信息，同时具有展开、收起、选择等交互功能。Tree 组件适用于管理层次较多且相互之间隶属关系较为清晰的项目元素。

在 Element UI 中，Tree 组件包含 tree 组件，通过 tree 组件实现树形控件，通过 data 参数添加对象数组，并通过 props 参数配置选项，对应填入数据。

Tree 组件为用户提供了一些参数，用于进行树形控件的设计。其常用参数说明如表 2-6 所示。

表 2-6　Tree 组件的常用参数说明

参 数 名 称	参 数 说 明
data	接收 array。表示树形控件显示的数据。无默认值
node-key	接收 string。表示每个树节点用作唯一标识的参数。无默认值
props	接收 object。表示配置选项，其可选值为 label、children、disabled。label 用于设置节点标签；children 用于设置子树节点数据；disabled 表示节点选择器是否禁用。无默认值
default-expand-all	接收 boolean。表示是否默认展开所有节点。默认值为 false
default-expanded-keys	接收 array。用于设置展开节点的 key。无默认值
default-checked-keys	接收 array。用于设置被勾选节点的 key。无默认值
show-checkbox	接收 boolean。表示节点是否可以被选择。默认值为 false
draggable	接收 boolean。表示是否开启拖曳节点功能。默认值为 false

2．实现树形控件

思维导图是实现高效学习的方法之一。它能帮助学生分清主次，弄清各个知识点之间的关联。学生在画思维导图时可以实现从课堂学习到知识点掌握的平稳过渡。学生应该在学习中学会利用思维导图进行知识点的整理，增强记忆、组织与逻辑思维能力。某学校使用 Tree 组件为学生介绍思维导图的特点，结果如图 2-14 所示。

在 Element UI 中实现如图 2-14 所示的思维导图，主要代码如代码 2-11 所示。

图 2-14 思维导图特点介绍结果

代码 2-11 制作思维导图的主要代码

```html
<div id="app">
  <!-- 添加数据，设置树形控件的属性 -->
  <el-tree :data="data" :props="props" node-key="id" :default-expanded-keys="[5]"
  :default-checked-keys="[6]" show-checkbox></el-tree>
</div>
<script>
  const app = new Vue({
    el: '#app',
    data() {
      return {
        data: [ //插入数据，id 为 key，不可以重复
          {
            id: 1, label: '思维导图',
            children: [   // 添加子树内容
              { id: 2, label: '焦点集中' },
              { id: 3, label: '主干发散' },
              { id: 4, label: '层次分明' },
              {
                id: 5, label: '图形、颜色、代码',
                children: [
                  { id: 6, label: '便于联想记忆' },
                  { id: 7, label: '增大创作的可能性' }
                ]
              }]
          }],
        props: { label: 'label', children: 'children' } //设置节点标签与子树内容
      }
    }
  })
</script>
```

创建订单数据表格
并分页显示数据
（任务实施）

【任务实施】

步骤 1　设置表格结构

使用 table 组件创建表格，并使用 table-column 组件为表格添加 17 列。将第 1 列的类型设置为复选框。设置表格结构的主要代码如代码 2-12 所示。

代码 2-12　设置表格结构的主要代码

```
<!-- 创建表格，添加数据 -->
<el-table :data="tableData">
    <!-- 为表格添加 17 列，设置类型、字段名、标签 -->
    <!-- 第 1 列的类型为复选框 -->
    <el-table-column type="selection" width="50"></el-table-column>
    <el-table-column prop="equipment" label="设备编号"></el-table-column>
    <el-table-column prop="time" label="下单时间"></el-table-column>
    <el-table-column prop="order" label="订单编号"></el-table-column>
    <el-table-column prop="quantity" label="销售量"></el-table-column>
    <el-table-column prop="money" label="总金额（元）"></el-table-column>
    <el-table-column prop="pay" label="支付状态"></el-table-column>
    <el-table-column prop="ship" label="出货状态"></el-table-column>
    <el-table-column prop="refund" label="退款金额（元）"></el-table-column>
    <el-table-column prop="user" label="购买用户"></el-table-column>
    <el-table-column prop="address" label="市"></el-table-column>
    <el-table-column prop="name" label="商品名称"></el-table-column>
    <el-table-column prop="month" label="月份"></el-table-column>
    <el-table-column prop="hour" label="小时"></el-table-column>
    <el-table-column prop="period" label="下单时间段"></el-table-column>
    <el-table-column prop="cluster" label="购买用户（群集）"></el-table-column>
    <el-table-column prop="type" label="用户类型"></el-table-column>
</el-table>
```

设置表格结构的结果如图 2-15 所示。

图 2-15　设置表格结构的结果

步骤2　在data()代码块中定义订单数据

根据代码 2-12，在 Vue 实例的 data()代码块中为表格定义订单数据。定义订单数据的主要代码如代码 2-13 所示。

代码 2-13　定义订单数据的主要代码

```
//创建一个 Vue 实例
const app = new Vue({
 el: '#app',
 data() {
  return {
   tableData: [
    { // 添加第 1 行数据
    equipment: '112909',time: '2018/5/31 23:02:26',order: '112909qr15277789461455',quantity: '1',
    money: '4',pay: '微信',ship: '出货中',refund: '0',user: 'os-xL0hppKpKv60uVotk305hcy-E',address: '广州市',
    name: '阿萨姆奶茶',month: '5',hour: '23',period: '晚上',cluster: '群集 1',type: '流失用户'
},
     {
      equipment: '112908',time: '2018/5/25　18:02:26',order: '112908qr15277789486231',quantity: '1',
      money: '4',pay: '微信',ship: '未出货',refund: '0',user: 'os-dR1hdeRdTa89aVkwj239dfw-C',address: '
广州市',
      name: '阿萨姆奶茶',month: '5',hour: '12',period: '晚上',cluster: '群集 2',type: '一般用户'
     }
    ]
   }
  }
})
```

订单数据显示结果如图 2-16 所示。

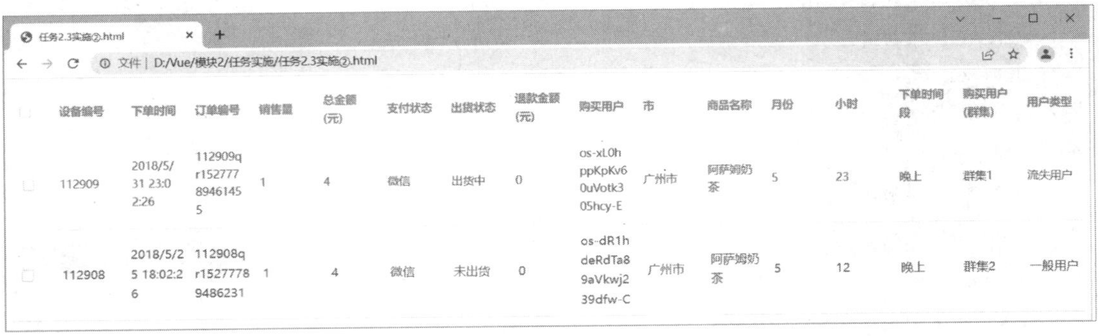

	设备编号	下单时间	订单编号	销售量	总金额(元)	支付状态	出货状态	退款金额(元)	购买用户	市	商品名称	月份	小时	下单时间段	购买用户(群集)	用户类型
☐	112909	2018/5/31 23:02:26	112909qr152777894614 5	1	4	微信	出货中	0	os-xL0h ppKpKv6 0uVotk3 05hcy-E	广州市	阿萨姆奶茶	5	23	晚上	群集1	流失用户
☐	112908	2018/5/25 18:02:26	112908q r1527778 9486231	1	4	微信	未出货	0	os-dR1h deRdTa8 9aVkwj2 39dfw-C	广州市	阿萨姆奶茶	5	12	晚上	群集2	一般用户

图 2-16　订单数据显示结果

步骤3　设置表格样式

根据代码 2-12 和代码 2-13，为表格添加样式。设置表格的上外边距，通过 table 组件的 border 参数设置纵向边框，通过 width 参数设置列的宽度。设置表格样式的主要代码如代码 2-14 所示。

代码 2-14　设置表格样式的主要代码

```
<!-- 设置表格的上外边距 -->
<div style="margin-top: 20px">
 <!-- 创建表格，添加数据，设置参数 -->
<el-table :data="tableData" border style="width: 100%">
  //表格结构放置区
</el-table>
```

> 提示：在代码 2-14 中省略了代码 2-12 中介绍过的设置表格结构的部分代码，省略代码的放置区已在代码 2-14 中有所体现。根据提示耐心对照代码 2-12 和代码 2-13，编写完整代码，创建订单数据表格。

设置表格样式的结果如图 2-17 所示。

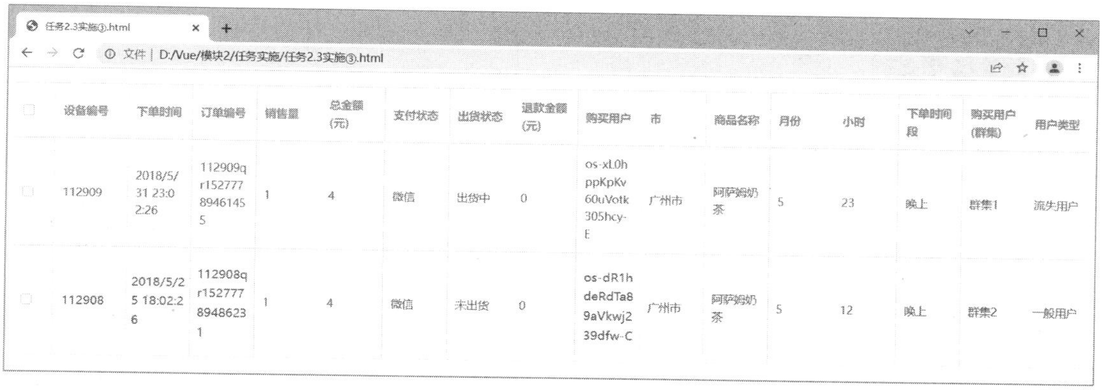

图 2-17　设置表格样式的结果

任务 2.4　设计订单数据表格的分页显示

【任务描述】

随着信息时代的到来，新零售智能销售行业产生的数据越来越多。庞大的订单数据是无法只使用一张表格展示出来的。而且当需要对内容进行查询时，服务器会产生负载，使得加载结果的时间增加。因此，某商家在新零售智能销售数据管理与可视化平台上通过添加分页来拆分订单数据表格，分页结果如图 2-18 所示。通过分页将表格拆分为若干张小表格，有利于商家的管理和快速查询。而在日常生活中，当人们碰到一些难以解决的大问题时，同样可以利用分页拆分表格的理念，将大问题拆分成若干个相关的小问题进行精确分析、逐个击破，从而解决大问题。

图 2-18　订单数据表格的分页结果

【任务要求】

（1）设置分页结构。

（2）通过分页拆分订单数据表格。

设计订单数据表格
的分页显示

【相关知识】

2.4.1　基本概念

在网站建设中，网页内容的展示方式一般分为两种：一种是使用单页面显示所有内容；另一种是当数据量过多，单页面无法显示所有内容时，通过分页来显示网页内容。通过分页不仅可以完整地显示数据，还能减少网页加载时间与减轻服务器负载。Element UI 提供了 Pagination 组件，用于创建分页。

Pagination 组件为用户提供了一些参数，用于进行分页功能的设计。其常用参数说明如表 2-7 所示。

表 2-7　Pagination 组件的常用参数说明

参 数 名 称	参 数 说 明
layout	接收 string。用于子组件布局，子组件名用逗号分隔，其可选值为 sizes、prev、pager、next、jumper、->、total。sizes 表示每页显示的页码数量；prev 表示上一页；pager 表示页码；next 表示下一页；jumper 表示跳页；->表示->后的元素会靠右显示；total 表示分页的总条目数。默认值为'prev, pager, next, jumper, ->, total'
pager-count	接收 number。用于设置最大页码按钮数。其可选值为大于或等于 5 且小于或等于 21 的奇数。默认值为 7
total	接收 number。表示分页的总条目数。无默认值
current-page	接收 number。表示当前页数。默认值为 1
page-size	接收 number。表示每页显示的条目数。默认值为 10

续表

参 数 名 称	参 数 说 明
page-sizes	接收 number[]。表示每页显示条目数的选项。默认值为[10, 20, 30, 40, 50, 100]
background	接收 boolean。表示是否为按钮添加背景颜色。默认值为 false
small	接收 boolean。表示是否使用小型分页。默认值为 false
prev-text	接收 string。表示替代图标上显示的"上一页"文字。无默认值
next-text	接收 string。表示替代图标上显示的"下一页"文字。无默认值
disabled	接收 boolean。表示是否禁用分页。默认值为 false

2.4.2　实现 Pagination 分页

当表格中有上万条数据时，一次性查询所有数据会使计算机的运行速度变得很慢，而且密密麻麻、千篇一律的数据会使用户眼花缭乱。先使用分页拆分表格，再进行表格数据的查询即可解决这种问题。因此某公司决定为用户数据表格添加分页功能，减少数据查询的时间，提高查询效率。

添加分页功能的结果如图 2-19 所示。

图 2-19　添加分页功能的结果

在 Element UI 中实现如图 2-19 所示的分页功能，主要代码如代码 2-15 所示。

代码 2-15　添加分页功能的主要代码

```
<!-- 设置分页的背景颜色、子组件布局、当前页数、最大页码按钮数、每页显示的条目数和分页的总条目数-->
<el-pagination
  background
  layout="total, sizes, prev, pager, next, jumper"
  :current-page="2"
  :pager-count="5"
  :page-sizes="[10, 20, 40, 80]"
  :total="100">
</el-pagination>
```

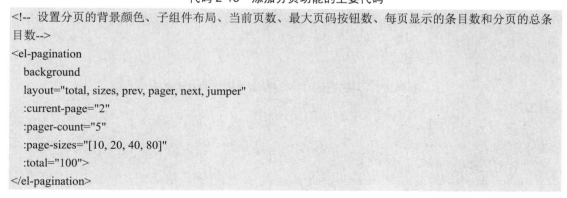

【任务实施】

步骤 1　设置分页结构

使用 Pagination 组件设置分页结构，将分页的总条目数设置为 30。设置分页结构的主要代码如代码 2-16 所示。

代码 2-16　设置分页结构的主要代码

```
<!-- 设置分页样式 -->
<div class="block" style="margin-top: 20px">
 <!-- 设置总条目数、当前页数、每页显示条目数的选项、每页显示的条目数、背景颜色、子组件布局-->
 <el-pagination
   :total="30"
   :current-page="currentPage"
   :page-sizes="[5, 10, 15, 20]"
   :page-size="pagesize"
   background
   layout="total, sizes, prev, pager, next, jumper">
 </el-pagination>
</div>
```

设置分页结构的结果如图 2-20 所示。

图 2-20　设置分页结构的结果

步骤 2　通过分页拆分订单数据表格

基于代码 2-14，在表格下方添加分页方法和代码 2-16 实现的分页结构。设置表格的 data 参数为 slice()方法，提取 tableData 中当前页的数据。分页的总条目数设置为表格中元素的数目，当前页显示的条目数随着表格数量的变化而变化。通过分页拆分订单数据表格的主要代码如代码 2-17 所示。

代码 2-17　通过分页拆分订单数据表格的主要代码

```
<div id="app">
 <!-- 设置表格的上外边距 -->
 <div style="margin-top: 20px">
  <!-- 创建表格，添加数据，设置参数 -->
  <el-table :data="tableData.slice((currentPage-1)*pagesize,currentPage*pagesize)"
  border style="width: 100%" >
   <!-- 为表格添加 17 列，设置类型、字段名、标签 -->
   //表格结构放置区
  </el-table>
 </div>
 <!-- 设置分页样式 -->
 <div class="block" style="margin-top: 20px">
```

（续）

```
<!-- 设置总条目数、当前页数、每页显示条目数的选项、每页显示的条目数、背景颜色、子组件布局-->
<el-pagination
    :total="tableData.length"
    @size-change="handleSizeChange"
    @current-change="handleCurrentChange"
    :current-page="currentPage"
    :page-sizes="[5, 10, 15, 20]"
    :page-size="pagesize"
    background
    layout="total, sizes, prev, pager, next, jumper">
</el-pagination>
    </div>
</div>
<script>
// 创建一个 Vue 实例
const app = new Vue({
  el: '#app',
    data() {
      return {
      currentPage:1, pagesize:5, // 设置当前页数和每页显示的条目数
      //tableData 数据放置区
      }},
    methods: { // 调用方法
    handleSizeChange: function (size) { //每页显示的条目数
        this.pagesize = size;
    },
    handleCurrentChange: function(currentPage){ //当前页数
        this.currentPage = currentPage;
    },
    }
})
</script>
```

> **提示：** 代码 2-17 在代码 2-14 的基础上添加了分页结构和分页方法。将表格的 data 参数设置成与分页联动的形式，在分页设置中将总条目数设置为表格数量，增加了 @size-change 和 @current-change。在代码 2-17 中同样体现了省略代码的放置区，按照提示细心地对照代码 2-14，为订单数据表格添加分页功能。

拆分订单数据表格的结果如图 2-21 所示。

由代码 2-17 可知，每页显示的条目数是 5，但是因为如图 2-21 所示表格的数据只有 2 条，所以总条目数是 2，并且只有 1 页内容。

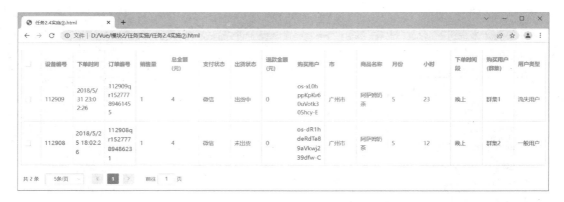

图 2-21　拆分订单数据表格的结果

任务 2.5　添加订单数据对话框

【任务描述】

新零售行业产品的热销，使得商家的订单数据日益增加。在新零售智能销售数据管理与可视化平台上，某商家为了能直接为订单数据表格添加数据，设置了"新增元素"按钮，如图 2-22 所示。当单击该按钮时，页面弹出"新增元素"对话框。"新增元素"按钮的存在，使得商家不必在后台中进行操作，节省了时间。

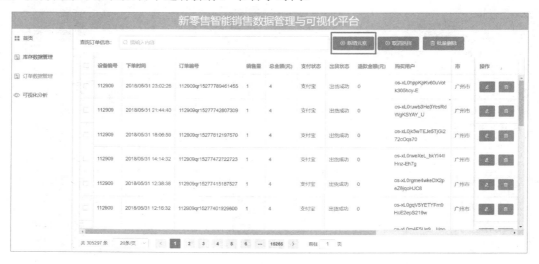

图 2-22　"新增元素"按钮

【任务要求】

（1）设置按钮。

（2）设置对话框。

（3）单击按钮弹出对话框。

【相关知识】

2.5.1　基本概念

添加订单数据对话框

当用户删除一个未被保存的文件时，页面会弹出是否确认删除的确认框，这便是一个对话框。对话框一般是指在窗口中实现人机交互的弹出框。Element UI 提供了 Dialog 组件，用于创建对话框。

对话框（Dialog）主要分为 body 和 footer 两个部分。body 用于存放需要展示的内容，可以是文字、表格、表单等；footer 是按钮的操作区域，一般是执行"确认"或"取消"操作的按钮。按钮通过<el-button>标签创建，更多按钮的详细用法可参见任务 2.6.1。

Dialog 组件为用户提供了一些参数，用于进行对话框的设计。其常用参数说明如表 2-8 所示。

表 2-8　Dialog 组件的常用参数说明

参　数　名　称	参　数　说　明
visible	接收 boolean。表示是否显示对话框。默认值为 false
title	接收 string。表示对话框的标题。无默认值
width	接收 string。表示对话框的宽度。默认值为 50%
center	接收 boolean。表示顶部标题栏和底部栏是否水平居中（对话框的内容默认不居中）。默认值为 false
before-close	接收 function(done)，done 用于关闭对话框。表示关闭前的回调，暂停关闭对话框。无默认值
append-to-body	接收 boolean。表示对话框是否插入 body 元素中。默认值为 false

当需要嵌套对话框时，需要将内层 Dialog 组件的 append-to-body 参数值设置为 true，从而保证内外层 Dialog 组件层级关系的正确性。

2.5.2　实现 Dialog 对话框

当人们编写文章或代码等内容时，可能会不小心单击"关闭"按钮，使得编辑中未被保存的文档丢失。因此，文档编辑器的设计者为"关闭"按钮添加了一个对话框，用于提醒使用者是否关闭文档。

实现对话框的结果如图 2-23 所示。

在 Element UI 中实现如图 2-23 所示的对话框，主要代码如代码 2-18 所示。

图 2-23　实现对话框的结果

代码 2-18　实现对话框的主要代码

```
<div id="app">
  <!-- 编写对话框的标题、内容，并设置参数 -->
  <el-dialog title="是否关闭文档" :visible.sync="dialogvisible" width="240" :before-close="handleClose"
center>
```

（续）

```
    <span>内容是否已保存，正在执行关闭文档操作</span>
    <!-- footer 操作区域，添加按钮 -->
    <span slot="footer">
      <el-button @click="dialogvisible = true">取　消</el-button>
      <el-button @click="dialogvisible = false">确　定</el-button>
    </span>
  </el-dialog>
</div>
<script>
  //创建一个 Vue 实例
  const app = new Vue({
    el: '#app',
    data() {
      return {
        dialogvisible: true
      }; //设置对话框默认弹出
    },
    methods: { //调用方法
      handleClose(done) {
        this.$confirm('确认关闭？')
          .then(_ => {done();}) // 确认操作
          .catch(_ => { }); // 取消操作
    }}
  })
</script>
```

在代码 2-18 中，对话框的 footer 部分设置了两个按钮。visible 参数使用.sync 修饰，设置为 dialogvisible，并在 Vue 实例中将 dialogvisible 的初始值设置为 true。在对话框的 before-close 事件设置中指向 handleClose()方法，并在 Vue 实例的 methods 中定义 handleClose()方法，利用 confirm()方法弹出确认框，done()用于关闭对话框。在按钮中设置 @click="dialogvisible"，当 dialogvisible 的值为 true 时弹出对话框；当 dialogvisible 的值为 false 时不弹出对话框。

【任务实施】

步骤 1　设置按钮

设置一个"新增元素"按钮，主要代码如代码 2-19 所示。

添加订单数据对话框（任务实施）

代码 2-19　设置"新增元素"按钮的主要代码

```
<!-- 设置"新增元素"按钮 -->
<el-button>新增元素</el-button>
```

设置"新增元素"按钮的结果如图 2-24 所示。

图 2-24　设置"新增元素"按钮的结果

步骤 2　设置对话框

设置一个"新增元素"对话框，并设置 visible 参数与 center 参数。设置"新增元素"对话框的主要代码如代码 2-20 所示。

代码 2-20　设置"新增元素"对话框的主要代码

```
<!-- 编写对话框的标题、内容，并设置参数 -->
<el-dialog title="新增元素" :visible.sync="iconFormVisible" center>
  <span>新增的内容</span>
  <!-- footer 操作区域，添加按钮 -->
  <span slot="footer">
    <el-button >确 定</el-button>
    <el-button @click="iconFormVisible = false">取 消</el-button>
  </span>
</el-dialog>
```

设置"新增元素"对话框的结果如图 2-25 所示。

图 2-25　设置"新增元素"对话框的结果

步骤 3　单击按钮弹出对话框

基于代码 2-17，并根据代码 2-19 和代码 2-20，实现单击按钮弹出对话框的功能。单击按钮弹出对话框的主要代码如代码 2-21 所示。

代码 2-21　单击按钮弹出对话框的主要代码

```
<div id="app">
  <!-- 设置"新增元素"按钮 -->
  <el-button @click="iconFormVisible = true">新增元素</el-button>
```

（续）

```
<!-- 编写对话框的标题、内容，并设置参数  -->
<el-dialog title="新增元素" :visible.sync="iconFormVisible" :before-close="handleClose" center>
  <span>新增的内容</span>
  <!-- footer 操作区域，添加按钮  -->
  <span slot="footer">
    <el-button >确  定</el-button>
    <el-button @click="iconFormVisible = false">取  消</el-button>
  </span>
</el-dialog>
//表格放置区
//分页放置区
</div>
<script>
  //创建一个 Vue 实例
  const app = new Vue({
    el: '#app',
    data() {
      return {
        iconFormVisible: false, //设置对话框默认不弹出
        currentPage:1, pagesize:5 //设置当前页数和每页显示的条目数
        //tableData 数据放置区
      }},
    methods: { //调用方法
      handleSizeChange: function (size) { //每页显示的条目数
        this.pagesize = size;
      },
      handleCurrentChange: function(currentPage){ //当前页数
        this.currentPage = currentPage;
      },
      handleClose(done) {
        this.$confirm('确认关闭？')
          .then(_ => {done();}) // 确认操作
          .catch(_ => { }); // 取消操作
      }}
  })
</script>
```

> **提示**：代码 2-21 在代码 2-17 的基础上添加了代码 2-19 和代码 2-20 中介绍过的设置按钮和设置对话框的代码。除增加按钮和对话框的代码（为对话框添加:before-close 参数，为按钮设置@click="iconFormVisible"）以外，其余代码与代码 2-17 一致。在代码 2-21 中也同样体现了省略代码的放置区，按照提示细心地对比代码 2-17，为订单数据添加按钮和对话框。

单击"新增元素"按钮，弹出"新增元素"对话框。设置订单数据对话框的结果如图 2-26 所示。

图 2-26　设置订单数据对话框的结果

任务 2.6　构建订单数据表单并添加表格操作列

【任务描述】

随着信息时代的快速发展，新零售智能销售订单数据大幅度增加，管理者管理数据的难度也随之增加。为了更好地管理数据，某商家在新零售智能销售数据管理与可视化平台上，将单击"新增元素"按钮后弹出的对话框设置为订单数据表单，如图 2-27 所示，并且为订单数据表格添加了操作列（包括修改和删除功能），如图 2-28 所示。这使得商家可以快速地管理订单数据，提高工作效率。工作效率的提高，可以缩短工作时间，让人们拥有更多自由支配的时间。人们可以利用空闲时间去充实自己，提高自身素质。

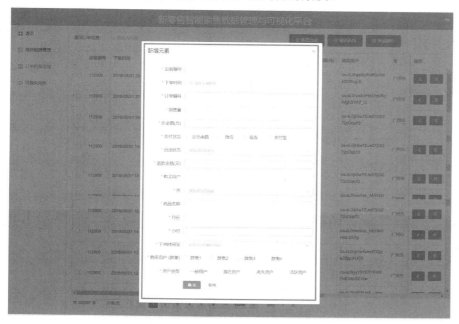

图 2-27　订单数据表单

图 2-28　订单数据表格的操作列

【任务要求】

（1）在弹出的对话框中编写表单。
（2）设置表单组件的参数。
（3）设置表单项样式。
（4）设置单选框、选择器的选项内容。
（5）为表格添加操作列。

【相关知识】

构建订单表单并添
加表格操作列
（Button 按钮）

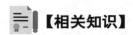

2.6.1　按钮

在 Element UI 中，有许多封装完善的组件供用户使用，其大大提高了用户的开发效率。Button 就是其中一个简单的组件，用于创建按钮。

1. 基本概念

Button 按钮是通过<el-button>标签创建的。通过设置不同的参数值，可以进行按钮的多样化设计。在 Button 组件中还可以通过使用<button-group>标签来嵌套不同的按钮，以实现按钮组。

Button 组件为用户提供了一些参数，用于进行按钮的多样化设计。其常用参数说明如表 2-9 所示。

表 2-9　Button 组件的常用参数说明

参 数 名 称	参 数 说 明
type	接收 string。表示按钮类型，其可选值为 primary、success、warning、danger、info、text。primary 表示主要类型；success 表示成功类型；warning 表示警告类型；danger 表示危险类型；info 表示信息类型；text 表示文本类型。无默认值
plain	接收 boolean。表示是否使用简易形式的按钮。默认值为 false
round	接收 boolean。表示是否使用圆角形式的按钮。默认值为 false
circle	接收 boolean。表示是否使用圆形的按钮。默认值为 false
icon	接收 string。表示图标类名。无默认值
disabled	接收 boolean。表示是否禁用按钮。默认值为 false
size	接收 string。表示按钮尺寸，其可选值为 medium、small、mini。medium 表示中等尺寸；small 表示小号尺寸；mini 表示超小号尺寸。无默认值

➋2. 创建按钮

按钮是页面中不可或缺的元素。设计者为某网页制作了"添加""编辑""删除""查看"按钮，单击按钮可以对内容进行相应操作。设计者还为按钮添加了样式，以增加页面的美观程度。按钮的存在，可以让用户简单、方便地对页面进行操作，而不需要通过后台管理。

创建按钮的结果如图 2-29 所示。

图 2-29　创建按钮的结果

在 Element UI 中创建如图 2-29 所示的按钮，主要代码如代码 2-22 所示。

代码 2-22　创建按钮的主要代码

```
<!-- 添加按钮，type 参数用于设置按钮类型 -->
<el-button type="primary">添加</el-button>
<el-button type="warning" round>编辑</el-button>
<el-button type="danger" plain>删除</el-button>
<el-button type="info" round>查看</el-button>
```

2.6.2　输入框

输入框是互联网产品中常用的组件之一。在输入框中单击会出现插入光标，此时用户可以直接在输入框中输入文本信息。Element UI 提供了 Input 组件，用于创建输入框。

Input 组件是 Element UI 中表单类组件（Form）的一种。表单类组件用于制作多样化表单，提供了多个表单组件。其中最重要的是 Form 组件，其用于组合、存放其他的表单组件。

构建订单表单并添加表格操作列（Input 输入框）

1. 基本概念

输入框（Input）是受控组件，总会显示 Vue 的绑定值。在通常情况下，Input 组件使用 v-model 参数实现绑定。Input 组件中包含 input 组件，通过 input 组件创建输入框。

Input 组件的常用类型有 text 与 textarea。text 是文本，textarea 是文本域，两者都是用于输入文本信息的，不同的是，textarea 是用于输入多行文本信息的。

Input 组件为用户提供了一些参数，用于进行输入框的多样化设计。其常用参数说明如表 2-10 所示。

表 2-10 Input 组件的常用参数说明

参 数 名 称	参 数 说 明
placeholder	接收 string。表示输入框占位文本。无默认值
type	接收 string。表示输入框类型，其可选值为 text、textarea 和其他原生 input 的 type 值。text 表示文本；textarea 表示文本域。默认值为 text
value/v-model	接收 string、number。表示绑定值。无默认值
disabled	接收 boolean。表示是否禁用输入框。默认值为 false
clearable	接收 boolean。表示是否清空输入框。默认值为 false
prefix-icon	接收 string。表示输入框头部图标。无默认值
suffix-icon	接收 string。表示输入框尾部图标。无默认值
rows	接收 number。表示输入框行数，当 type 参数值为 textarea 时有效。默认值为 2
autosize	接收 boolean、object。表示自适应内容高度，当 type 参数值为 textarea 时有效，可传入对象，如 {minRows:1, maxRows:4}。默认值为 false
size	接收 string。表示输入框尺寸，当 type 参数值不是 textarea 时有效，其可选值为 medium、small、mini。无默认值
maxlength	接收 number。表示输入框的最大输入长度。无默认值
minlength	接收 number。表示输入框的最小输入长度。无默认值
show-word-limit	接收 boolean。表示是否显示输入字数的统计值，当 type 参数值为 textarea 或 text 时有效。默认值为 false

2. 创建输入框

在步入信息时代后，人们主要通过网络获取信息。网站信息不断被更新，信息量不断增大，其虽然为人们提供了丰富的信息资源，但是也加大了人们搜索所需信息的难度。但是困难总比方法多，只要别气馁，就总能找到解决办法。为了解决这一问题，设计者为某网站设计了搜索框，通过输入关键词，搜索与关键词匹配的内容。搜索框由输入框和按钮组成。

创建搜索框的结果如图 2-30 所示。

在 Element UI 中创建如图 2-30 所示的搜索框，主要代码如代码 2-23 所示。

图 2-30 创建搜索框的结果

代码 2-23　创建搜索框的主要代码

```
<el-row :gutter="10">
  <!-- 对内容进行分栏，设置输入框所在栏的宽度为 8，按钮所在栏的宽度为 2 -->
  <el-col :span="8">
    <!-- 设置输入框的占位文本，可清空输入框 -->
    <el-input placeholder="请输入搜索内容" v-model="input1" clearable></el-input>
  </el-col>
  <el-col :span="2">
    <!-- 设置按钮类型 -->
    <el-button type="primary">搜索</el-button>
  </el-col>
</el-row>
```

> **提示：** 在代码 2-23 中，使用任务 2.1 中讲解的 row 组件和 col 组件对内容进行分栏。读者要认真复习已学的内容，巩固知识点。

2.6.3　单选框

在设计页面时，设计者有时会通过选项的形式展示提前设置好的选项。用户通过选择所需的选项完成数据的输入，提高输入操作效率。Element UI 提供了 Radio 组件，用于创建单选框。

构建订单表单并添加表格操作列（Radio 单选框、CheckBox 多选框）

➡1. 基本概念

Radio 组件包含 radio 组件、radio-group 组件和 radio-button 组件。其中，radio-group 组件是 radio-button 组件的父组件。Radio 组件通过 radio 组件创建单选框。在使用 radio 组件的过程中，需要设置 v-model 参数绑定变量。当选中某一个选项时，变量的值会更改为相应 Radio 组件的 label 参数值。

在 Radio 组件中可以通过 radio-group 组件将单选框进行分组，通过 radio-button 组件将单选框设置成按钮样式的单选组合。在 radio-group 组件的使用过程中，也需要设置 v-model 参数绑定变量。

Radio 组件为用户提供了一些参数，用于进行单选框的设计。其常用参数说明如表 2-11 所示。

表 2-11　Radio 组件的常用参数说明

组 件 名 称	参 数 名 称	参 数 说 明
radio	value/v-model	接收 string、number、boolean。表示绑定值。无默认值
	label	接收 string、number、boolean。表示单选框显示的内容。无默认值
	disabled	接收 boolean。表示是否禁用单选框。默认值为 false
	border	接收 boolean。表示是否显示单选框的边框。默认值为 false
	size	接收 string。表示单选框的尺寸（当 border 参数值为 true 时有效），其可选值为 medium、small、mini。medium 表示中等尺寸；small 表示小号尺寸；mini 表示超小号尺寸。无默认值

续表

组 件 名 称	参 数 名 称	参 数 说 明
radio-group	value/v-model	接收 string、number、boolean。表示绑定值。无默认值
	size	接收 string。表示单选框组的尺寸，对带边框或按钮形式的单选框有效，其可选值为 medium、small、mini。medium 表示中等尺寸；small 表示小号尺寸；mini 表示超小号尺寸。无默认值
	disabled	接收 boolean。表示是否禁用单选框组。默认值为 false
radio-button	label	接收 string、number。表示单选框显示的内容。无默认值
	disabled	接收 boolean。表示是否禁用单选框。默认值为 false

2. 创建单选框

四大名著是人们熟悉、喜欢的艺术著作，代表着中国传统文化在小说方面的成就。学生通过阅读四大名著，有利于增长知识，学会独立思考，提高分析能力。四大名著属于课外书籍，学生多阅读课外书籍，也有利于开阔视野，形成良好的道德品格和健全的人格。

图 2-31　调查问卷

某学校为了调查学生对四大名著的喜爱程度，以单选框的形式设置了调查问卷。调查问卷如图 2-31 所示。

在 Element UI 中实现如图 2-31 所示的调查问卷，主要代码如代码 2-24 所示。

代码 2-24　实现调查问卷的主要代码

```
<div id="app">
  <!-- 添加问题内容 -->
  <h4>请选择您最喜欢的名著</h4>
  <!-- 使用 radio-group 进行分组 -->
  <el-radio-group v-model="radio1">
    <!-- 添加单选框的备选项 -->
    <el-radio-button label="《西游记》"></el-radio-button>
    <el-radio-button label="《水浒传》"></el-radio-button>
    <el-radio-button label="《红楼梦》"></el-radio-button>
    <el-radio-button label="《三国演义》"></el-radio-button>
  </el-radio-group>
  <h4>请输入您最喜欢的角色</h4>
  <!-- 设置输入框，用于回答问题 -->
  <el-input placeholder="请输入角色名称" v-model="input1" clearable></el-input>
</div>
<script>
//创建一个 Vue 实例
const app = new Vue({
  el: '#app',
```

（续）

```
data() {
    return { //设置单选框的选项，输入框的内容
        radio1: "《西游记》",
        input1: ""
    }
  }
})
</script>
```

2.6.4　复选框

复选框和单选框一样，都是通过选择选项实现数据输入的，但是单选框中的选项，用户只能选择一项，而复选框中的选项，用户可以任意选择多项。Element UI 提供了 CheckBox 组件，用于创建复选框。

◉ 1. 基本概念

CheckBox 组件包含 Checkbox、Checkbox-group 和 Checkbox-button 组件。当设置多个复选框为一组时，Checkbox-group 组件是 Checkbox 组件和 Checkbox-button 组件的父组件。在使用 Checkbox 组件的过程中，需要定义 v-model 参数绑定变量。当只有一个备选项时，默认绑定变量值为 Boolean 值，选中备选项时变量值为 true。

当有多个备选项时，首先利用 Checkbox-group 组件将多个复选框设置为一组，再使用 Checkbox 组件或 Checkbox-button 组件添加复选框。在使用 Checkbox-group 组件的过程中，需要设置 v-model 参数绑定变量，变量值为数组类型。Checkbox 组件或 Checkbox-button 组件中的 label 参数需要与数组中的元素值相对应，如果存在指定的值，则复选框将处于选中状态。

用户利用 Checkbox-button 组件可以将复选框设置成按钮样式的组合。

CheckBox 组件为用户提供了一些参数，用于进行复选框的设计。其常用参数说明如表 2-12 所示。

表 2-12　CheckBox 组件的常用参数说明

组 件 名 称	参 数 名 称	参 数 说 明
Checkbox	value/v-model	接收 string、number、boolean。表示绑定值。无默认值
	label	接收 string、number、boolean。表示选中状态的值（当 Checkbox-group 或绑定对象类型为 array 时有效）。无默认值
	disabled	接收 boolean。表示是否禁用复选框。默认值为 false
	border	接收 boolean。表示是否显示复选框的边框。默认值为 false
	size	接收 string。表示复选框的尺寸，当 border 参数值为 true 时有效，其可选值为 medium、small、mini。medium 表示中等尺寸；small 表示小号尺寸；mini 表示超小号尺寸。无默认值

续表

组 件 名 称	参 数 名 称	参 数 说 明
Checkbox-group	value/v-model	接收 array。表示绑定值。无默认值
	size	接收 string。表示复选框组的尺寸，对带边框或按钮形式的复选框有效，其可选值为 medium、small、mini。medium 表示中等尺寸；small 表示小号尺寸；mini 表示超小号尺寸。无默认值
	disabled	接收 boolean。表示是否禁用复选框组。默认值为 false
	min	接收 number。表示可被勾选的复选框的最小数量。无默认值
	max	接收 number。表示可被勾选的复选框的最大数量。无默认值
Checkbox-button	label	接收 string、number、boolean。表示选中状态的值。当 Checkbox-group 或绑定对象类型为 array 时有效。无默认值
	disabled	接收 boolean。表示是否禁用复选框。默认值为 false

2. 创建复选框

中华民族自古以来就是礼仪之邦，待人接物有礼有节。礼仪是人与人之间的行为规范，是人们建立良好关系的基础。文明的行为举止也是弘扬民族文化、展示民族精神的重要途径。学生应该身体力行地践行文明礼仪，从小事做起，一点一滴地养成文明习惯。

图 2-32 通过复选框形式设置题目的结果

某学校通过复选框的形式设置了相关题目，让学生选择符合文明礼仪的行为，结果如图 2-32 所示。

在 Element UI 中创建如图 2-32 所示的复选框，主要代码如代码 2-25 所示。

代码 2-25 创建复选框的主要代码

```
<div id="app">
<!-- 设置题目 -->
<h4>以下哪些行为符合文明礼仪？</h4>
<!-- 使用 Checkbox-group 进行分组 -->
<el-checkbox-group v-model="checkbox"> <!-- 使用 v-model 参数绑定复选框 -->
 <!-- 添加复选框的备选项 -->
 <el-checkbox label="1">在公交车上给老人、小孩、孕妇让座</el-checkbox>
 <el-checkbox label="2">办事自觉排队</el-checkbox>
 <el-checkbox label="3">自觉遵守交通规则，红灯停、绿灯行</el-checkbox>
 <el-checkbox label="4">乱丢垃圾、乱倒污水</el-checkbox>
</el-checkbox-group>
</div>
<script>
//创建一个 Vue 实例
const app = new Vue({
 el: '#app',
```

（续）

```
data() {
  return {
    checkbox: [] //输入对象为数组类型
  };
  }
})
</script>
```

2.6.5　选择器

在页面设计中，设置备选选项是为了减少用户的操作。例如，设置单选框，但是单选框的选项都是默认可见的，不宜过多。因此，在选项过多的情况下可以使用选择器，利用下拉列表框展示选择器的选项。Element UI 提供了 Select 组件，用于创建选择器。

构建订单表单并添加表格操作列（Select 选择器）

➡1．基本概念

选择器（Select）可以设置为单选或多选的形式。Select 组件包含 select 组件和 option 组件，select 组件是 option 组件的父组件。Select 组件通过 select 组件创建选择器，通过 option 组件为选择器添加选项内容。Select 组件需要使用 v-model 参数绑定变量，v-model 绑定的变量为数组类型的，它应该是当前被选中的 option 组件中 value 参数的值。

Select 组件为用户提供了一些参数，用于进行选择器的设计。其常用参数说明如表 2-13 所示。

表 2-13　Select 组件的常用参数说明

组 件 名 称	参 数 名 称	参 数 说 明
select	value/v-model	接收 boolean、string、number。表示绑定值。无默认值
	placeholder	接收 string。表示选择器的占位文本。无默认值
	disabled	接收 boolean。表示是否禁用选择器。默认值为 false
	clearable	接收 boolean。表示是否清空选项，当选择器的形式为单选时有效。默认值为 false
	multiple	接收 boolean。表示选择器是否为多选形式的。默认值为 false
	collapse-tags	接收 boolean。表示选择器为多选形式时是否将被选中值按文字形式展示。默认值为 false
	filterable	接收 boolean。表示选择器是否可搜索。默认值为 false
	allow-create	接收 boolean。表示是否允许用户创建新条目，当 filterable 参数值为 true 时有效。默认值为 false
	default-first-option	接收 boolean。表示在选择器中按 "Enter" 键，是否选择第 1 个匹配项，当选择器可搜索时有效。默认值为 false
option	value	接收 string、number、object。表示选择器选项的值。无默认值
	label	接收 string、number。表示选择器选项的标签，若不设置，则默认与 value 相同。无默认值
	disabled	接收 boolean。表示是否禁用该选项。默认值为 false

●2．创建选择器

诚实守信是为人处世的行为准则，是真善美的具体体现。在建设社会主义现代化的今天，倡导以诚实守信为荣，以见利忘义为耻。学生应在学习和生活中主动践行诚实守信理念，将诚实守信理念内化于心、外化于行。

某学校希望学生能够做到诚实守信，通过选择器的形式设置了相关题目，让学生选择有关诚实守信的成语，结果如图 2-33 所示。

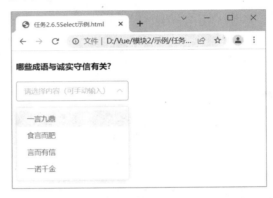

图 2-33 通过选择器的形式设置题目的结果

在 Element UI 中创建如图 2-33 所示的选择器，主要代码如代码 2-26 所示。

代码 2-26 创建选择器的主要代码

```
<div id="app">
  <h4>哪些成语与诚实守信有关?</h4>
  <!-- 设置选择器的参数，使用 v-model 参数绑定变量  -->
  <el-select v-model="select1" multiple filterable allow-create
  default-first-option placeholder="请选择内容（可手动输入）">
    <el-option label="一言九鼎" value="1"></el-option>
    <el-option label="食言而肥" value="2"></el-option>
    <el-option label="言而有信" value="3"></el-option>
    <el-option label="一诺千金" value="4"></el-option>
  </el-select>
</div>
<script>
//创建一个 Vue 实例
const app = new Vue({
  el: '#app',
  data() {
    return {
      select1: [] //设置选择器的初始选项为空
  }}
})
</script>
```

在代码 2-26 中，通过 multiple 参数设置选择器为多选形式；通过 allow-create 参数设置选择器允许用户创建新条目；通过 option 组件为选择器添加选项内容。

2.6.6　时间日期组件

构建订单表单并添加表格操作列（时间日期组件）

在页面设计中，设计者通常会添加一些时间日期组件，从而使用户不需要手动填写时间和日期。时间日期组件会通过类似于日历等的形式展现给用户，让用户选择时间和日期。Element UI 为用户提供了 3 个组件，用于创建时间日期组件，分别是 TimePicker 组件、DatePicker 组件和 DateTimePicker 组件。

➡ 1. 时间选择器

时间选择器（TimePicker）用于选择或输入时间，它需要使用 v-model 参数绑定变量。TimePicker 组件包含两个组件，分别为 time-select 组件与 time-picker 组件。time-select 组件用于创建固定时间的选择器，time-picker 组件用于创建任意时间的选择器。

time-picker 组件提供了两种查看任意时间选项内容的交互方式：一种是通过鼠标滚轮查看选项内容（默认）；另一种是设置 arrow-control 参数，利用页面上的箭头查看选项内容。

TimePicker 相关组件为用户提供了一些参数，用于进行时间选择器的设计。其常用参数说明如表 2-14 所示。

表 2-14　TimePicker 相关组件的常用参数说明

参 数 名 称	参 数 说 明
value/v-model	接收 date、string。表示绑定值。无默认值
placeholder	接收 string。表示时间选择器的占位文本。无默认值
picker-options	接收 object。用于配置时间选择器特有的选项。在 time-select 组件中，picker-options 参数的可选值为 start、end、step、minTime、maxTime。start 表示开始时间；end 表示结束时间；step 表示时间间隔；minTime 表示最小时间；maxTime 表示最大时间。在 time-picke 组件中，picker-options 参数的可选值为 selectableRange，表示可选时间段。默认值为{}
arrow-control	接收 boolean。表示是否使用箭头进行时间选择，对 time-picker 组件有效。默认值为 false
is-range	接收 boolean。表示是否可进行时间范围选择，对 time-picker 组件有效。默认值为 false
range-separator	接收 string。表示进行范围选择时的分隔符。默认值为'-'
start-placeholder	接收 string。表示在进行范围选择时开始日期的占位文本。无默认值
end-placeholder	接收 string。表示在进行范围选择时结束日期的占位文本。无默认值

在生活中，闹钟的主要功能是唤醒熟睡的人或提醒其他事务。闹钟的存在可以使人们合理安排时间，做事更有条理。人们要充分利用好闹钟这个工具，让自己的时间更充实，更有价值。某学生利用时间选择器为自己的日常设定了闹钟，提醒自己不要虚度生命中的每一秒，要充分利用时间。

设定闹钟的结果如图 2-34 所示。

在 Element UI 中实现如图 2-34 所示的闹钟，主要代码如代码 2-27 所示。

图 2-34　设定闹钟的结果

代码 2-27　设定闹钟的主要代码

```
<div id="app">
  <h4>选择闹钟响铃时间</h4>
  <!-- 设置时间选择器的固定时间，使用 v-model 参数绑定变量 -->
  <el-time-select v-model="time" :picker-options="{start: '07:00',step: '00:15',end: '24:00'}"
  placeholder="请选择起始时间"></el-time-select>
</div>
<script>
  // 创建一个 Vue 实例
  const app = new Vue({
    el: '#app',
    data() {
      return {
        time: "" //设置时间选择器的初始选项为空
      }
    }
  })
</script>
```

2. 日期选择器

日期选择器（DatePicker）用于选择或输入日期，它需要使用 v-model 参数绑定变量。基础的日期选择器以"日"为单位，通过扩展基础的 DatePicker 组件，其他 DatePicker 组件的单位可以为"周""月""年"或多个日期。

DatePicker 组件为用户提供了一些参数，用于进行日期选择器的设计。其常用参数说明如表 2-15 所示。

表 2-15　DatePicker 组件的常用参数说明

参 数 名 称	参 数 说 明
value/v-model	接收 date、array。表示绑定值。无默认值
placeholder	接收 string。表示日期选择器的占位文本。无默认值

续表

参　数　名　称	参　数　说　明
type	接收 string。表示选择器显示的类型，其可选值为 year、month、date、dates、week、daterange、monthrange、datetime、datetimerange。year 表示年；month 表示月；date 表示日期；dates 表示多个日期；week 表示周；daterange 表示日期范围；monthrange 表示月份范围；datetime 表示日期时间；datetimerange 表示日期时间范围。默认值为 date
format	接收 string。表示日期的格式。更多日期格式可参考 Element UI 原厂文档。默认值为 yyyy-MM-dd
picker-options	接收 object。用于配置日期选择器特有的选项。默认值为{}
range-separator	接收 string。表示进行范围选择时的分隔符。默认值为'-'
start-placeholder	接收 string。表示在进行范围选择时开始日期的占位文本。无默认值
end-placeholder	接收 string。表示在进行范围选择时结束日期的占位文本。无默认值
unlink-panels	接收 boolean。表示是否在日期范围选择器里解除两个日期面板之间的联动，使两个面板各自独立切换当前月份。默认值为 false

日程是指一天（可以是现在或以后的某一天）的生活安排。日程可以帮助人们合理安排每天的学习、工作时间，做到按时完成工作计划等，让人们变得自律，把待办事项安排得井井有条。某学生决定为自己的周末安排日程，让周末过得更充实，更有意义。

创建日程的结果如图 2-35 所示。

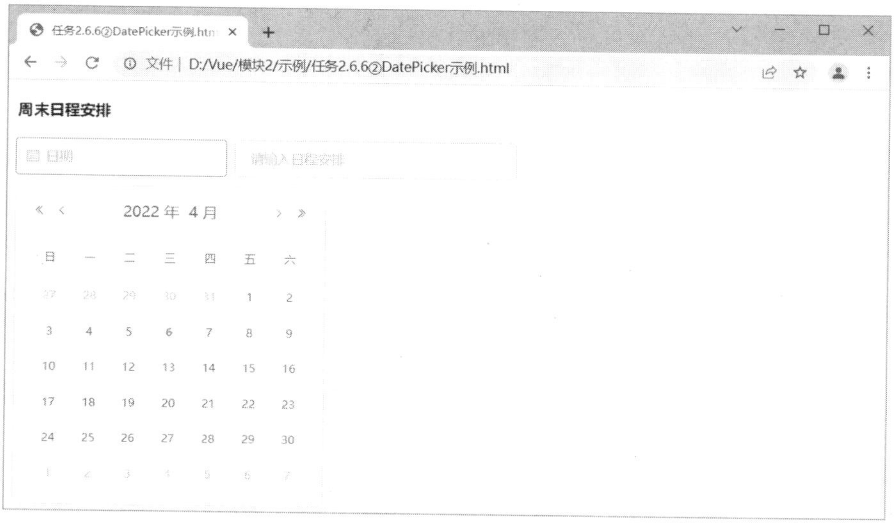

图 2-35　创建日程的结果

在 Element UI 中创建如图 2-35 所示的日程，主要代码如代码 2-28 所示。

代码 2-28　创建日程的主要代码

```
<div id="app">
  <h4>周末日程安排</h4>
  <el-row :gutter="10">
    <!-- 对内容进行分栏，设置日期选择器的宽度为 6，输入框的宽度为 8 -->
    <el-col :span="6">
      <!-- 将 type 参数值设置为 "date"，选择器选择的是日期，使用 v-model 参数绑定变量 -->
```

(续)

```
        <el-date-picker v-model="date1" type="date" placeholder="日期"></el-date-picker>
      </el-col>
      <el-col :span="8">
        <!-- 添加输入框，用于输入日程安排 -->
        <el-input v-model="input1" placeholder="请输入日程安排"></el-input>
      </el-col>
    </el-row>
  </div>
<script>
  // 创建一个 Vue 实例
  const app = new Vue({
    el: '#app',
    data() {
      return { //设置日期选择器的初始内容为空
        date1: "",
        input1:""
      }
    }
  })
</script>
```

➡3. 日期时间选择器

日期时间选择器（DateTimePicker）可以让用户在同一个选择器里选择日期和时间，DateTimePicker 由 DatePicker 组件和 TimePicker 组件派生。DateTimePicker 组件包含 date-picker 组件，date-picker 组件需要使用 v-model 参数绑定变量。

在进行日期和时间范围选择时，日期选择面板中的起始日期与结束日期的时刻，默认使用该日期的"00:00:00"，通过 default-time 参数可以设置具体时刻。default-time 参数的输入对象为数组，数组项为字符串。

DateTimePicker 组件为用户提供了一些参数，用于进行日期时间选择器的设计。其常用参数说明如表 2-16 所示。

表 2-16　DateTimePicker 组件的常用参数说明

参 数 名 称	参 数 说 明
value/v-model	接收 date、array。表示绑定值。无默认值
placeholder	接收 string。表示日期时间选择器的占位文本。无默认值
picker-options	接收 object。用于配置日期时间选择器的选项。默认值为{}
type	接收 string。表示选择器显示的类型，其可选值为 year、month、date、week、datetime、datetimerange、daterange。year 表示年；month 表示月；date 表示日期；week 表示星期；datetime 表示日期时间；datetimerange 表示日期时间范围；daterange 表示日期范围。默认值为 date
default-time	接收 string、string[]。表示选择器打开时默认显示的时间。不进行范围选择时，其可选值是形如 12:00:00 的字符串；进行范围选择时，其可选值是数组，长度为 2，每项为字符串，形如 12:00:00。第 1 项指定开始日期的时刻，第 2 项指定结束日期的时刻，不指定时会使用时刻 00:00:00。无默认值

续表

参 数 名 称	参 数 说 明
format	接收 string。表示日期的格式。更多日期格式可参考 Element UI 原厂文档。默认值为 yyyy-MM-dd HH:mm:ss
range-separator	接收 string。表示在进行范围选择时的分隔符。默认值为'-'
start-placeholder	接收 string。表示在进行范围选择时开始日期的占位文本。无默认值
end-placeholder	接收 string。表示在进行范围选择时结束日期的占位文本。无默认值
unlink-panels	接收 boolean。表示是否在日期范围选择器里解除两个日期面板之间的联动。默认值为 false

充实地过好每一天，更好地向人生目标迈进需要认真地规划每一年、每个月、每一天，甚至是每个时间点。人们需要学会对自己的生活进行规划，树立时间观念，为自己的人生负责。

某学生利用日期时间选择器和表格，制作了一张计划表，结果如图 2-36 所示。

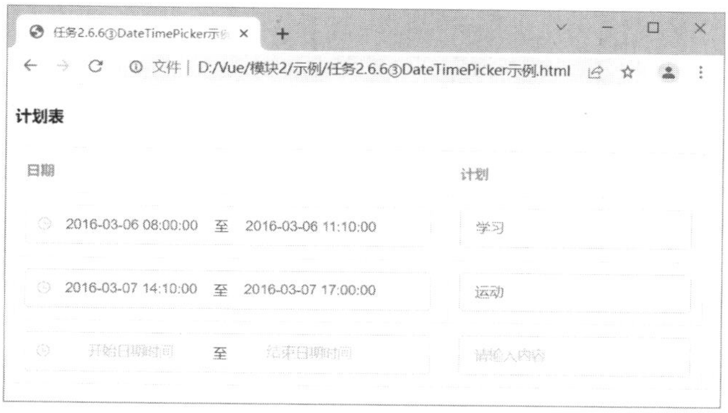

图 2-36　制作计划表的结果

在 Element UI 中实现如图 2-36 所示的计划表，主要代码如代码 2-29 所示。

代码 2-29　制作计划表的主要代码

```
<div id="app">
  <h4>计划表</h4>
  <!-- 创建表格，添加数据，设置参数 -->
  <el-table :data="tableData" stripe border>
    <!-- 添加表格第 1 列 -->
    <el-table-column label="日期" width="420">
      <!-- 使用 slot-scope 接收 slot 上面绑定的数据 -->
      <template slot-scope="scope">
        <!-- 使用 v-model 绑定日期时间选择器的值，利用 scope.row 为每行添加数据 -->
        <el-date-picker v-model="scope.row.datetimerange" type="datetimerange" range-separator="至"
        start-placeholder="开始日期时间" end-placeholder="结束日期时间"></el-date-picker>
      </template>
    </el-table-column>
    <!-- 添加表格第 2 列 -->
    <el-table-column label="计划" width="250">
```

（续）

```
    <template slot-scope="scope">
      <!-- 添加输入框，用于输入计划安排 -->
      <el-input v-model="scope.row.input1" placeholder="请输入内容"></el-input>
    </template>
    </el-table-column>
  </el-table>
</div>
<script>
  //创建一个 Vue 实例
  const app = new Vue({
    el: '#app',
    data() {
    return {
      tableData: [ //添加数据
      {
        datetimerange: [new Date(2016, 2, 06, 08, 00), new Date(2016, 2, 06, 11, 10)],
        input1: "学习"
      },
      {
        datetimerange: [new Date(2016, 2, 07, 14, 10), new Date(2016, 2, 07, 17, 00)],
        input1: "运动"
      },
      {
        datetimerange: "",
        input1: ""
      }
      ]
    }}
  })
</script>
```

2.6.7　表单

构建订单表单并添
加表格操作列
（Form 表单）

在生活中，人们通常使用表单来采集数据，如调查表、留言簿等。
Element UI 为用户提供了 Form 组件，用于创建表单。

➡ 1．基本概念

表单（Form）用于采集、校验、提交数据，由各种表单组件组成，
如 Input 组件、Radio 组件、CheckBox 组件、Select 组件等。

Form 组件包含 form 组件、form-item 组件，其中，form 组件是 form-item 组件的父组
件。用户可使用 form 组件创建表单。在 Form 组件中，使用 form-item 组件构建表单域，每
个表单域只由一个 form-item 组件组成，在表单域中可以放置各种类型的表单组件。

Form 组件为用户提供了表单验证功能，只需要通过 rules 参数传入设定的验证规则，并将 form-item 组件的 prop 参数设置为需要校验的字段名。

Form 组件为用户提供了一些参数，用于进行表单的设计。其常用参数说明如表 2-17 所示。

表 2-17 Form 组件的常用参数说明

组件名称	参数名称	参数说明
form	model	接收 object。表示表单数据对象。无默认值
	rules	接收 object。表示表单的验证规则。无默认值
	inline	接收 boolean。表示是否为行内表单模式。默认值为 false
	label-width	接收 string。表示表单域标签的宽度。无默认值
	label-position	接收 string。表示表单域标签位置的对齐方式，其可选值为 right、left、top。right 表示标签位置右对齐；left 表示标签位置左对齐；top 表示标签位置顶部对齐。默认值为 right
	size	接收 string。表示该表单内组件的尺寸，其可选值为 medium、small、mini。无默认值
form-item	prop	接收 string。表示表单域 model 字段，其可选值为传入 form 组件的 model 中的字段。无默认值
	label	接收 string。表示表单内组件的标签文本。无默认值
	label-width	接收 string。表示表单域标签的宽度。无默认值
	rules	接收 object。表示表单的验证规则。无默认值
	size	接收 string。表示该表单内组件的尺寸，其可选值为 medium、small、mini。medium 表示中等尺寸；small 表示小号尺寸；mini 表示超小号尺寸。无默认值

2. 实现表单

学生是一个特殊的消费群体，他们的消费观念和消费心理直接与他们的价值观相关。关注学生消费，正确引导学生树立科学的消费观，对学生的成长、成才具有十分重要的现实意义。学生应树立适度消费观，避免盲目消费。

某学校通过表单的形式对学生"618"期间的消费情况进行调查，调查问卷的结果如图 2-37 所示。

图 2-37 调查问卷的结果

在 Element UI 中实现如图 2-37 所示的调查问卷，主要代码如代码 2-30 所示。

代码 2-30　实现调查问卷的主要代码

```
<h3>学生"618"期间消费情况调查问卷</h3>
<!-- 设置表单样式 -->
<el-form :model="form" label-position="left">
 <!-- 添加表单组件（日期选择器） -->
 <el-form-item label="消费日期">
  <el-date-picker v-model="form.date" type="date" placeholder="请选择日期" default-value="2020-06"></el-date-picker>
 </el-form-item>
 <!-- 添加表单组件（选择器） -->
 <el-form-item label="消费目的">
  <el-select v-model="form.purpose" placeholder="请选择消费目的">
   <el-option label="跟随"618"消费潮流" value="潮流"></el-option>
   <el-option label="为自己购买" value="自己"></el-option>
   <el-option label="为他人购买" value="他人"></el-option>
  </el-select>
 </el-form-item>
 <!-- 添加表单组件（复选框） -->
 <el-form-item label="消费对象">
  <el-checkbox-group v-model="form.target">
   <el-checkbox label="日常生活用品"></el-checkbox>
   <el-checkbox label="学习用品/书籍"></el-checkbox>
   <el-checkbox label="服装/首饰"></el-checkbox>
   <el-checkbox label="其他"></el-checkbox>
  </el-checkbox-group>
 </el-form-item>
 <!-- 添加表单组件（单选框） -->
 <el-form-item label="是否为必需品">
  <el-radio-group v-model="form.necessity">
   <el-radio label="是"></el-radio>
   <el-radio label="否"></el-radio>
  </el-radio-group>
 </el-form-item>
 <!-- 添加表单组件（输入框） -->
 <el-form-item label="购买非必需品的原因">
  <el-input type="textarea" v-model="form.cause"></el-input>
 </el-form-item>
 <!-- 添加表单组件（按钮） -->
 <el-form-item>
  <el-button>取消</el-button>
  <el-button type="primary">确定</el-button>
```

（续）

```
</el-form-item>
</el-form>
```

> **提示：** 在代码 2-30 中，表单域的组件使用了日期选择器、选择器、复选框、单选框、输入框与按钮。这些组件都是任务 2.6 中的相关知识，读者要巩固好已学内容，灵活运用学到的知识。

【任务实施】

步骤 1　在弹出的对话框中编写表单

构建订单表单并添加表格操作列（任务实施）

基于代码 2-21，在对话框中进行内容编写。根据订单数据的字段，为对话框添加各个表单组件。在对话框中编写表单的主要代码如代码 2-31 所示。

代码 2-31　编写表单的主要代码

```
<!-- 添加按钮，设置按钮类型，单击按钮弹出对话框 -->
<el-button type="primary" @click="iconFormVisible = true">新增元素</el-button>
<!-- 设置对话框内容 -->
<el-dialog title="新增元素" :visible.sync="iconFormVisible" :before-close="handleClose" center>
  <el-form >
    <el-form-item > <!-- 添加表单组件，输入框 -->
      <el-input ></el-input>
    </el-form-item>
    <el-form-item> <!-- 添加表单组件，日期时间选择器 -->
      <el-date-picker ></el-date-picker>
    </el-form-item>
    ......
    <el-form-item> <!-- 添加表单组件，按钮 -->
      <el-button type="primary" @click="submitUser()">确  定</el-button>
      <el-button @click="iconFormVisible = false">取  消</el-button>
    </el-form-item>
  </el-form>
</el-dialog>
```

> **提示：** 代码 2-31 基于代码 2-21，将对话框的内容更改为表单的创建。在代码 2-31 中体现了省略代码的放置区，根据代码 2-21，耐心严谨地编写完整代码，为对话框编写表单。

步骤 2　设置表单组件的参数

基于代码 2-31，设置表单组件的标签、占位文本、v-model 参数。其主要代码如代码 2-32 所示。

代码 2-32　设置表单组件参数的主要代码

```
<el-form :model="form" >
    <!-- 添加表单组件，输入框 -->
    <el-form-item label="设备编号">
        <el-input v-model="form.equipment"></el-input>
    </el-form-item>
    <!-- 添加表单组件，日期时间选择器 -->
    <el-form-item label="下单时间" prop="time">
        <el-date-picker v-model="form.time" type="datetime" value-format="yyyy-MM-dd HH:mm:ss"
placeholder="选择下单时间"></el-date-picker>
    </el-form-item>
    </el-form-item>
    <el-form-item label="订单编号">
        <el-input v-model="form.order"></el-input>
    </el-form-item>
    <el-form-item label="销售量">
        <el-input v-model="form.quantity"></el-input>
    </el-form-item>
    <el-form-item label="总金额（元）">
        <el-input v-model="form.money"></el-input>
    </el-form-item>
    <!-- 添加表单组件，单选框 -->
    <el-form-item label="支付状态">
        <el-radio-group v-model="form.pay">
            <el-radio></el-radio>
            //单选框选项的放置区
        </el-radio-group>
    </el-form-item>
    <!-- 添加表单组件，选择器 -->
    <el-form-item label="出货状态">
        <el-select v-model="form.ship" placeholder="请选择出货状态">
            <el-option></el-option>
            //选择器其他选项的放置区
        </el-select>
    </el-form-item>
    <el-form-item label="退款金额（元）">
        <el-input v-model="form.refund"></el-input>
    </el-form-item>
    <el-form-item label="购买用户">
        <el-input v-model="form.user"></el-input>
    </el-form-item>
    <el-form-item label="市">
        <el-select v-model="form.address" placeholder="请选择对应的市区">
```

（续）

```
        <el-option></el-option>
        //选择器其他选项的放置区
      </el-select>
    </el-form-item>
    <el-form-item label="商品名称">
      <el-input v-model="form.name"></el-input>
    </el-form-item>
    <el-form-item label="月份">
      <el-input v-model="form.month"></el-input>
    </el-form-item>
    <el-form-item label="小时">
      <el-input v-model="form.hour"></el-input>
    </el-form-item>
    <el-form-item label="下单时间段">
      <el-select v-model="form.period" placeholder="请选择对应的时间段">
        <el-option></el-option>
        //选择器其他选项的放置区
      </el-select>
    </el-form-item>
    <el-form-item label="购买用户（群集）">
      <el-radio-group v-model="form.cluster">
        <el-radio></el-radio>
        //单选框选项的放置区
      </el-radio-group>
    </el-form-item>
    <el-form-item label="用户类型">
      <el-radio-group v-model="form.type">
        <el-radio></el-radio>
        //单选框选项的放置区
      </el-radio-group>
    </el-form-item>
    <!-- 添加表单组件，按钮 -->
    <el-form-item>
      <el-button type="primary" @click="submitUser()">确 定</el-button>
      <el-button @click="iconFormVisible = false">取 消</el-button>
    </el-form-item>
  </el-form>
```

> **提示**：代码 2-32 在代码 2-31 的基础上为表单组件设置了各项参数，并体现了省略代码的放置区，根据提示耐心编写完整代码，为表单组件设置参数。

设置表单组件参数的结果如图 2-38 所示。

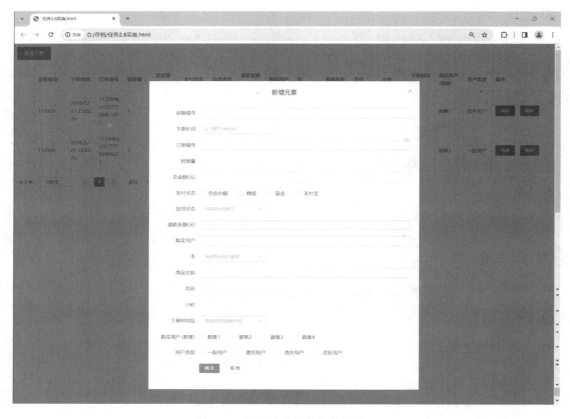

图 2-38　设置表单组件参数的结果

基于代码 2-32，为表单项设置样式，设置表单域标签的宽度、组件的尺寸等，使表单显得更加美观与整齐。设置表单项样式的主要代码如代码 2-33 所示。

代码 2-33　设置表单项样式的主要代码

```
<!-- 设置表单项样式 -->
<el-form :model="form" label-width="120px" size="mini" label-position="right">
  //表单组件放置区
</el-form>
```

> **提示：** 代码 2-33 在代码 2-32 的基础上为表单项设置了样式。其余代码与代码 2-32 一致。另外，在代码 2-33 中体现了省略代码的放置区，根据提示耐心地编写完整代码，为表单项设置样式，其中 label-width 参数值可以按照实际开发情况进行调整。

设置表单项样式的结果如图 2-39 所示。

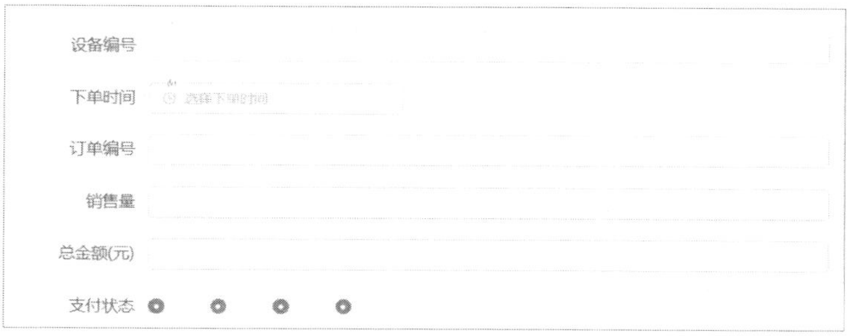

图 2-39　设置表单项样式的结果（部分）

步骤 4　设置单选框、选择器的选项内容

基于代码 2-33，为单选框和选择器设置选项内容。设置选项内容的主要代码如代码 2-34 所示。

代码 2-34　设置选项内容的主要代码

```
<!-- 添加表单组件，单选框 -->
<el-form-item label="支付状态">
  <el-radio-group v-model="form.pay">
    <el-radio label="会员余额"></el-radio>
    <el-radio label="微信"></el-radio>
    <el-radio label="现金"></el-radio>
    <el-radio label="支付宝"></el-radio>
  </el-radio-group>
</el-form-item>
<!-- 添加表单组件，选择器 -->
<el-form-item label="出货状态">
  <el-select v-model="form.ship" placeholder="请选择出货状态">
    <el-option label="出货成功" value="1"></el-option>
    <el-option label="出货失败" value="2"></el-option>
    <el-option label="出货异常" value="3"></el-option>
    <el-option label="出货中" value="4"></el-option>
    <el-option label="取消出货" value="5"></el-option>
    <el-option label="未出货" value="6"></el-option>
  </el-select>
</el-form-item>
......
<el-form-item label="市">
  <el-select v-model="form.address" placeholder="请选择对应的市区">
    <el-option label="东莞市" value="1"></el-option>
    <el-option label="佛山市" value="2"></el-option>
    <el-option label="广州市" value="3"></el-option>
    <el-option label="清远市" value="4"></el-option>
```

（续）

```
      <el-option label="韶关市" value="5"></el-option>
      <el-option label="深圳市" value="6"></el-option>
      <el-option label="中山市" value="7"></el-option>
      <el-option label="珠海市" value="8"></el-option>
    </el-select>
</el-form-item>
......
<el-form-item label="下单时间段">
    <el-select v-model="form.period" placeholder="请选择对应的时间段">
      <el-option label="凌晨" value="1"></el-option>
      <el-option label="早晨" value="2"></el-option>
      <el-option label="上午" value="3"></el-option>
      <el-option label="中午" value="4"></el-option>
      <el-option label="下午" value="5"></el-option>
      <el-option label="傍晚" value="6"></el-option>
      <el-option label="晚上" value="7"></el-option>
    </el-select>
</el-form-item>
<el-form-item label="购买用户（群集）">
    <el-radio-group v-model="form.cluster">
      <el-radio label="群集 1"></el-radio>
      <el-radio label="群集 2"></el-radio>
      <el-radio label="群集 3"></el-radio>
      <el-radio label="群集 4"></el-radio>
    </el-radio-group>
</el-form-item>
<el-form-item label="用户类型">
    <el-radio-group v-model="form.type">
      <el-radio label="一般用户"></el-radio>
      <el-radio label="潜在用户"></el-radio>
      <el-radio label="流失用户"></el-radio>
      <el-radio label="活跃用户"></el-radio>
    </el-radio-group>
</el-form-item>
```

> **提示**：代码 2-34 在代码 2-33 的基础上为单选框和选择器设置了选项内容，其余代码与代码 2-33 一致。在代码 2-34 中体现了省略代码的放置区，根据提示耐心地编写完整代码，为单选框和选择器设置选项内容。

设置选项内容的结果如图 2-40 所示。

图 2-40　设置选项内容的结果

步骤 5　为表格添加操作列

为了实现表格数据的修改与删除操作，基于代码 2-34，为表格添加操作列，包含"编辑"和"删除"按钮。添加操作列的主要代码如代码 2-35 所示。

代码 2-35　添加操作列的主要代码

```
<el-table :data="tableData.slice((currentPage-1)*pagesize,currentPage*pagesize)"
    border style="width: 100%" >
    //表格其他列放置区
    <!--操作列，添加按钮 -->
    <el-table-column label="操作" width="190">
      <template slot-scope="scope">
        <!-- "编辑"按钮-->
        <el-button type="primary" size="small">编辑</el-button>
        <!-- "删除"按钮-->
        <el-button type="danger" size="small">删除</el-button>
      </template>
    </el-table-column>
</el-table>
```

提示：代码 2-35 在代码 2-34 的基础上为表格添加了操作列，其余代码与代码 2-34 一致。在代码 2-35 中体现了省略代码的放置区，根据提示耐心编写完整代码，为表格添加操作列。

添加操作列的结果如图 2-41 所示。

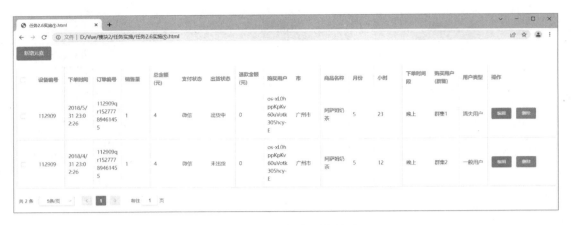

图 2-41　添加操作列的结果

按钮支持内嵌图标，将代码 2-35 中的按钮文字"编辑"替换为标签<i class="el-icon-edit"></i>，将按钮文字"删除"替换为标签<i class="el-icon-delete"></i>即可实现以图标形式显示按钮的效果，如图 2-42 所示。

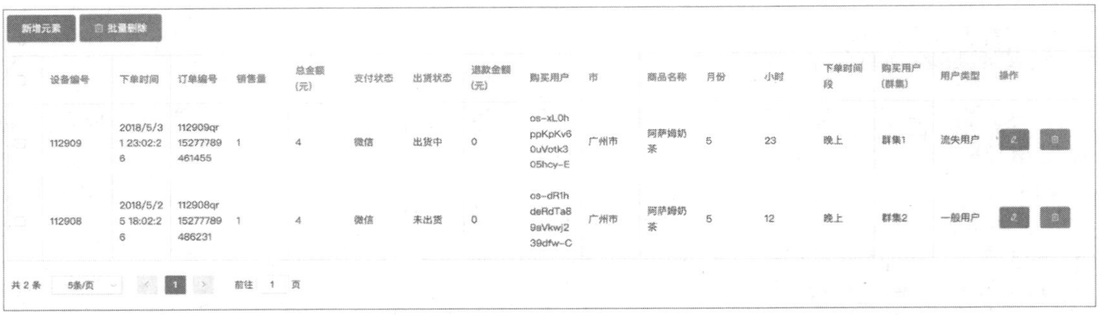

图 2-42　添加图标形式的表格操作列

模块小结

　　布局设计是前端可视化项目开发过程中必不可少的基础性技术工作，开发人员应用 Element UI 的布局组件可以快速完成页面布局结构的开发，形成适合销售平台项目页面所需的页面框架结构。在完成布局设计的基础上，进一步学习应用 Element UI 的 NavMenu、Pagination、Dialog 组件，以及各种表单组件，快速构建销售平台项目所需的功能操作页面的方法。

　　通过本模块的学习，希望读者能够理解 Element UI 常用组件的应用方法、组件参数设置等相关知识，熟练掌握前端可视化项目开发中关于页面布局、菜单导航、数据表格分页、对话框、表单等各项操作页面的设计与开发技能。

课后作业

1．选择题

（1）Checkbox 组件属于六大类组件中的（　　）。

　　A．基础组件　　　　B．表单类组件　　　C．数据类组件　　　D．其他类型组件

（2）下列不能作为 Container 容器中外层容器子元素的是（　　）。

　　A．<el-container>　　B．<el-main>　　　C．<div>　　　　　　D．<el-footer>

（3）在 NavMenu 组件中，用于设置菜单文字颜色的参数是（　　）。

　　A．text-color　　　　　　　　　　　B．background-color

　　C．default-active　　　　　　　　　D．active-text-color

（4）当 Table 组件的 fixed 参数值为 true 时，表示列固定在表格（　　）。

　　A．中间　　　　　　　B．左侧　　　　　　C．右侧　　　　　　D．顶部

（5）在使用 Pagination 组件拆分数据时，通过（　　）参数可以设置最大页码按钮数。

　　A．page-size　　　　B．page-sizes　　　C．pager-count　　　D．current-page

（6）当用户单击"关闭"图标或关闭 Dialog 组件时（　　）起效，会暂停关闭对话框。

　　A．visible　　　　　B．center　　　　　C．before-close　　　D．append-to-body

（7）在 Input 组件中，当 type 参数值被设置为（　　）时，size 参数不可用。

　　A．text　　　　　　B．textarea　　　　C．primary　　　　　D．info

（8）在同一个选择器里可以选择日期和时间的组件是（　　）。

　　A．Select　　　　　　　　　　　　　B．DatePicker

　　C．TimePicker　　　　　　　　　　　D．DateTimePicker

2．操作题

（1）野生动物是自然生态系统的重要组成部分，是大自然赋予人类的宝贵自然资源。保护野生动物，对维持生态平衡、促进经济发展有着至关重要的作用。我们要做到不购买或不食用受保护的野生动物制品，并劝告有类似行为的家人要保护野生动物。读者可以利用所学知识，制作一张记录野生动物生活习性的表格，帮助人们更好地了解、保护野生动物。具体操作步骤如下。

①创建".html"文件。

②依次引入 vue.js 库文件、element-ui 样式、element-ui 库文件，并创建 Vue 实例。

③创建表格，表格包含 4 列，分别为名称、类别、分布区域、保护级别。

④添加分页功能拆分表格。分页显示总条目数，设置每页显示的条目数和直接跳转的功能。

⑤对表格进行样式设置，利用 slice()方法提取 tableData 中当前页的数据。

⑥在 Vue 实例的 data()代码块中为表格添加数据，为分页添加方法。

（2）近年来，国家大力扶持传统文化，综合国力的增强大大提高了人们的民族自豪感。汉服作为一个民族的符号，一种文化的载体，成为不少人喜爱的服饰。读者可以通过所学知识，制作一个关于汉服的调查问卷，调查人们对汉服的了解情况。具体操作步骤如下。

①创建".html"文件。

②依次引入 vue.js 库文件、element-ui 样式、element-ui 库文件，并创建 Vue 实例。

③设置一个三级标题，命名为"关于汉服了解程度的调查问卷"。

④设置表单内容，在表单域中一一添加表单组件，包括日期选择器、单选框、选择器、输入框、复选框和按钮。

⑤设置表单项的标签、占位文本和 v-model 参数等，为单选框、复选框和选择器添加选项内容。

⑥设置表单项样式。

⑦在 Vue 实例的 data()代码块中定义表单。

（3）我国实行垃圾分类政策，将废弃物进行分流处理，利用现有生产制造能力，回收利用可回收物。我们要树立垃圾分类的意识，学习垃圾分类的具体流程，在日常行动中严格要求自己做到对垃圾进行分类，从而保护环境。读者可以通过所学知识，制作一个问答小程序，提高人们对垃圾分类的意识。具体操作步骤如下。

①创建".html"文件。

②依次引入 vue.js 库文件、element-ui 样式、element-ui 库文件，并创建 Vue 实例。

③设置一个三级标题，命名为"请对以下垃圾进行分类"。

④设置表单，在表单域中添加输入框和按钮。

⑤添加表单项的标签、占位文本和 v-model 参数等，将表单项的标签设置为题目内容。

⑥添加对话框，对话框内容为题目的答案。

⑦为按钮添加@click 方法，设置单击按钮弹出对话框。

⑧设置表单项样式。

⑨在 Vue 实例的 data()代码块中设置对话框默认不弹出，并定义输入框。

模块 3 开发新零售智能销售平台的基本功能
——Vue 指令的应用

指令在生活中随处可见，唐代韩愈的《魏博节度观察使沂国公先庙碑铭》中有"号登元和，大圣载营。风挥日舒，咸顺指令"。元代柳贯的《浦阳十咏 其十 昭灵仙迹》中有"真仙帝遣司风雨，唤起渊龙听指令"。计算机指令指的是告诉计算机从事某一特殊运算的代码，Vue 指令在计算机上的作用是当表达式的值被改变时，将指令产生的连带影响响应式地作用于 DOM；当将指令绑定在元素上时，指令会为绑定的目标元素添加特殊的行为。本模块主要介绍 Vue 基础指令 v-if、v-else、v-else-if、v-for、v-on 和 v-show，以及 Vue 高级指令 v-bind、v-model 的基本内容。

【教学目标】

1．知识目标

（1）了解 Vue 指令的概念与作用。
（2）熟悉 Vue 指令的修饰符。
（3）掌握 Vue 指令的使用方法。

2．技能目标

（1）能够使用 v-if 指令实现信息的显示与隐藏。
（2）能够使用 v-else 指令实现随机数生成的判断。
（3）能够使用 v-else-if 指令实现成绩等级的判定。
（4）能够使用 v-for 指令实现乒乓球内容的介绍。
（5）能够使用 v-on 指令给出网页不安全的提示。
（6）能够使用 v-bind 指令实现神舟十三号基本信息的介绍。
（7）能够使用 v-model 指令实现个人信息表内容的填写。

3．素养目标

（1）引导学生勤学好问，激发学生的学习激情。
（2）引导学生积极参与校园活动，激发学生的运动激情。
（3）引导学生学习载人航天精神，即艰苦奋斗、勇于攻坚、开拓创新和无私奉献等精神。
（4）培养学生的网络意识，提高自我保护能力。
（5）培养学生的自我保护意识，掌握自我保护方法。

任务 3.1 设计库存量警告标记

【任务描述】

商品库存量是指在仓库中实际储存的商品货物量。例如，在新零售智能销售平台商品列表的"商品详情"对话框中显示商品库存量，直观展示商品现有的库存量，如图 3-1 所示。该页面作为新零售智能销售平台的扩展页面，更加直观地展示了平台上各种商品的核心信息，同时设置相对应的商品链接，以吸引用户单击所需商品并购买。

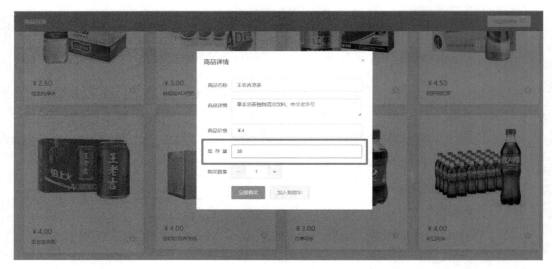

图 3-1　新零售智能销售平台商品列表的"商品详情"对话框中显示商品库存量

为了对商品库存进行合理调整，可以使用 v-if 和 v-else 指令对商品库存量进行判断，当库存量小于 50 时，给出警告标记；当库存量大于或等于 50 时不做处理。通过对库存量的直观展示，可以让商家了解商品库存情况，及时采取营销手段顺应市场变化，满足用户消费需求。

【任务要求】

（1）定义表单组件。
（2）设计库存量警告标记。

【相关知识】

3.1.1　了解指令

DOM ←──指令── {}

图 3-2　指令与 DOM

指令是带有 v-前缀的特殊属性。指令的主要职责是当其表达式的值发生改变时，相应地将某些行为应用在 DOM 上，如图 3-2 所示。

在图 3-2 中，DOM 指的是文件对象模型（Document Object

Model），是针对 HTML 提供的一个 API，而{}指的是输入的表达式内容。

当然，Vue 指令也支持设置参数，在指令名称后以冒号表示。例如，在 "<a v-bind:href='url'>网址</a>" 中，href 是参数，用于通知 v-bind 指令将<a>标签的 href 参数与表达式 url 的值进行绑定。

指令修饰符（Modifiers）使用 "." 表示特殊后缀，表示指令应该以特殊的方式进行绑定。常用的指令修饰符如表 3-1 所示。

表 3-1　常用的指令修饰符

修　饰　符	作　　用
.prevent	阻止当前事件的默认行为
.stop	阻止事件向上冒泡
.lazy	在 change 事件中监听事件
.number	将输入的数值转换为 number 类型
.trim	自动过滤用户输入内容的首尾空格

在 Vue 中，每个指令的作用各不相同。v-if、v-else、v-else-if 和 v-show 指令用于根据表达式的值决定是否插入相应的 HTML 元素；v-for 指令用于多次渲染元素或模板块；v-on 指令用于监听 DOM 事件；v-bind 指令用于绑定元素属性；v-model 指令用于在表单上创建双向数据绑定。

3.1.2　v-if、v-else 和 v-else-if 指令

设计库存数量警告标记（v-if、v-else 和 v-else-if 指令）

Vue 提供了一些常用的指令，如 v-if 指令、v-else 指令、v-else-if 指令等。其中，v-if 指令会根据表达式的值进行单条件下元素的判断，v-else 指令和 v-else-if 指令可以对多个条件进行判断。但需要注意的是，v-else 指令必须紧跟在 v-if 指令或 v-else-if 指令的后面，否则不会被识别。

1. v-if 指令

v-if 指令可以根据表达式的值在 DOM 中生成或移除一个元素。如果 v-if 指令表达式的值被赋予 true，那么对应的元素会从 DOM 中插入，否则对应的元素会在 DOM 中被移除。

若通过条件判断展示或隐藏某个元素，则可以使用 v-if 指令。当使用 v-if 指令切换元素时，元素的数据绑定或组件将被销毁并重建。

使用 Vue 中的 v-if 指令实现信息的显示与隐藏的主要代码如代码 3-1 所示。

代码 3-1　使用 v-if 指令实现信息的显示与隐藏的主要代码

```
<div id="app">
<!--使用 v-if 指令实现信息的显示与隐藏-->
    <p v-if="tip1">青青小草有生命，请君足下留情</p>
    <p v-if="tip2">绕行三五步，留得芳草绿</p>
</div>
<script>
```

（续）

```
// 创建一个 Vue 实例
new Vue({
  el: '#app',
  data: {
// 定义 tip1 参数的初始值为 true，tip2 参数的初始值为 false
    tip1:true,
    tip2:false
  }
})
</script>
```

在代码 3-1 中，v-if 指令将 tip1 参数赋值为 true，运行程序，浏览器会显示"青青小草有生命，请君足下留情"；而将 tip2 参数赋值为 false，运行程序时"绕行三五步，留得芳草绿"会被隐藏，如图 3-3 所示。

图 3-3　使用 v-if 指令实现信息的显示与隐藏

如果想要显示或隐藏多条信息，那么可以把 template 当作包装元素，使用 v-if 指令来显示或隐藏。

使用 v-if 指令实现多条信息显示的结果如图 3-4 所示。

图 3-4　使用 v-if 指令实现多条信息显示的结果

使用 v-if 指令实现多条信息显示的主要代码如代码 3-2 所示。

代码 3-2　使用 v-if 指令实现多条信息显示的主要代码

```
<div id="app">
<!--使用 v-if 指令实现多条信息的显示-->
<!--template 是 Vue 的容器元素，目前不支持 v-show 指令，但支持 v-if 指令-->
  <template v-if="tip1">
  <p>青青小草有生命，请君足下留情</p>
  <p>绕行三五步，留得芳草绿</p>
  </template>
</div>
<script>
// 创建一个 Vue 实例
new Vue({
  el: '#app',
```

（续）

```
   data: {
//  定义 tip1 参数的初始值为 true，运行程序，浏览器会显示该参数对应的信息
    tip1:true,
  }
})
</script>
```

➋2．v-else 指令

当 v-if 指令无法满足两个条件判断的业务需求时，可以使用 v-else 指令实现对两个条件的判断。

运用 Vue 中的 v-else 指令对生成的随机数进行判断，展现指令与随机数的有机结合，让读者体会编程的力量，感受数字和编程之间的魅力。使用 v-else 指令对生成的随机数进行判断，结果如图 3-5 所示。

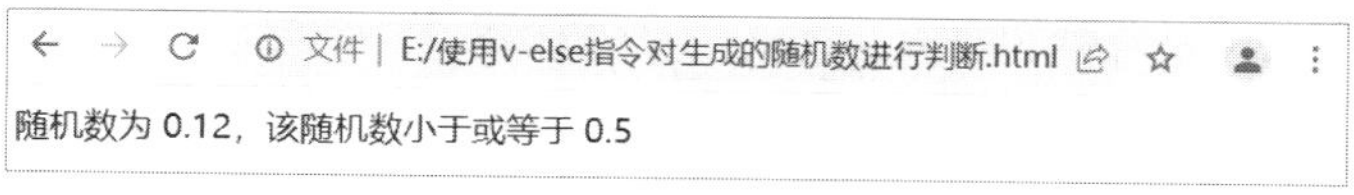

图 3-5　使用 v-else 指令对生成的随机数进行判断的结果

使用 v-else 指令对生成的随机数进行判断，通过 v-if 指令和 v-else 指令的语句块进行 Num 值的判断，若生成的随机数大于 0.5，则执行 v-if 指令的语句块；若生成的随机数小于或等于 0.5，则执行 v-else 指令的语句块，如代码 3-3 所示。

代码 3-3　使用 v-else 指令对生成的随机数进行判断的主要代码

```
<!--使用 v-else 指令对生成的随机数进行判断-->
<div id="app">
  <div v-if="Num > 0.5">
    随机数为  {{ Num}}，该随机数大于 0.5
  </div>
  <div v-else>
   随机数为  {{ Num}}，该随机数小于或等于  0.5
  </div>
</div>
<script>
new Vue({
  el: '#app',
  data: {
//   Num 值调用 Math.random().toFixed(2)函数生成带有 2 位小数的随机数
    Num:Math.random().toFixed(2)
  }
})
</script>
```

在代码 3-3 中，因为 Math.random()函数表示生成一个 0～1 的随机数，所以每次运行程序生成的随机数可能都不一样。

3．v-else-if 指令

当 v-if 指令和 v-else 指令无法满足 3 个或 3 个以上条件判断的业务需求时，可以使用 v-else-if 指令实现对多个条件的判断。v-else-if 指令类似于条件语句中的"else-if 块"，可以与 v-if 指令配合使用。

运用 Vue 中的 v-else-if 指令进行成绩等级判定，引导学生勤学好问，激发学生的学习激情，培养德才兼备、乐观向上、健康成长、和谐发展的学生。使用 v-else-if 指令实现成绩等级判定，当成绩在 90～100 分时，判定等级为 A；当成绩在 80～89 分时，判定等级为 B；当成绩在 70～79 分时，判定等级为 C；当成绩在 60～69 分时，判定等级为 D；当成绩低于 60 分时，判定等级为 E，结果如图 3-6 所示。

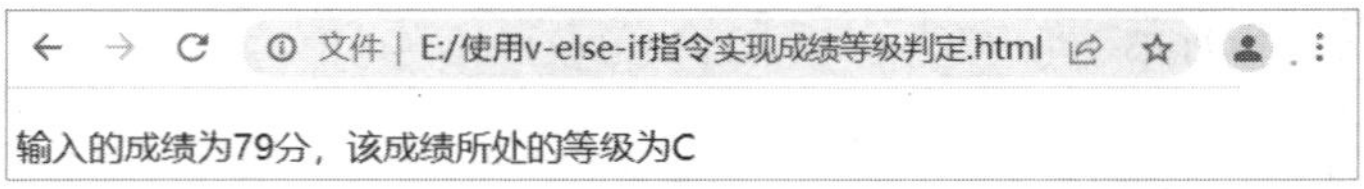

图 3-6　使用 v-else-if 指令实现成绩等级判定的结果

使用 v-else-if 指令实现成绩等级判定的主要代码如代码 3-4 所示。

代码 3-4　使用 v-else-if 指令实现成绩等级判定的主要代码

```
<div id="app">
  <p v-if="score>=90 && score<=100">输入的成绩为{{score}}分，该成绩所处的等级为 A</p>
  <p v-else-if="score>=80 && score<=89">输入的成绩为{{score}}分，该成绩所处的等级为 B</p>
  <p v-else-if="score>=70 && score<=79">输入的成绩为{{score}}分，该成绩所处的等级为 C</p>
  <p v-else-if="score>=60 && score<=69">输入的成绩为{{score}}分，该成绩所处的等级为 D</p>
  <p v-else>输入的成绩为{{score}}分，该成绩所处的等级为 E</p>
</div>
<script>
new Vue({
  el: '#app',
  data: {
    score:79
  }
})
</script>
```

在代码 3-4 中，使用 v-if、v-else-if 和 v-else 指令进行成绩等级判定，给定 score 参数值，通过输入的成绩执行<p>标签对应范围的指令模块语句，并输出成绩所处的等级。

3.1.3　v-for 指令

v-for 指令可基于源数据多次渲染元素或模板块。当使用 v-for 指令

设计库存数量警告标记（v-for 指令）

时，可以循环渲染数组、对象、数字、字符串等源数据中的每一个值。在使用 v-for 指令时，必须使用特定的语法，其语法如下。

item in items

其中，items 是源数据数组，item 则是被迭代的数组元素的别名。

若需要遍历一个数组或枚举一个对象进行迭代循环展示，则可以选择 v-for 指令。v-for 指令可以通过一个参数来渲染数据。例如，在 "`<p v-for="n in news">{{n.text}}</p>`" 中，news 是源数据数组，n 是当前数组元素的别名，同时 n 也是 v-for 表达式的参数。

v-for 指令还支持使用当前项索引参数来渲染数据，索引从 0 开始，并且是可选的。例如，在 "`<p v-for="(index,n）in news">{{n.text}}</p>`" 中，index 是当前项索引，v-for 指令循环遍历出 news 数组中的属性值及对应的索引。但需要注意的是，多个参数之间要用逗号隔开。

生命在于运动，运动可以增强体质，促进身心健康发展，还可以促进血液循环，加快新陈代谢。一直以来，乒乓球是大部分人喜闻乐见的运动。本节运用 Vue 中的 v-for 指令介绍乒乓球的起源、特点等内容，激发学生的运动激情，引导学生积极参与校园乒乓球运动，促进国家乒乓球事业的可持续发展。使用 v-for 指令介绍乒乓球运动的结果如图 3-7 所示。

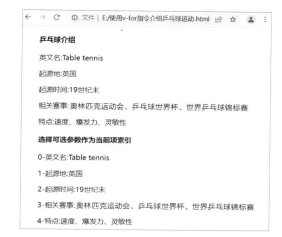

图 3-7　使用 v-for 指令介绍乒乓球运动的结果

使用 v-for 指令介绍乒乓球运动的主要代码如代码 3-5 所示。

代码 3-5　使用 v-for 指令介绍乒乓球运动的主要代码

```html
<div id="app">
  <ul>
    <h4>乒乓球介绍</h4>
    <p v-for="(value,name) in objects" :key="value" >
      {{name}}:{{value}}
    </p>
    <h4>选择可选参数作为当前项索引</h4>
    <p v-for="(value,name,index) in objects" :key="value" >
      {{index}}-{{name}}:{{value}}
    </p>
  </ul>
</div>
<script>
new Vue({
  el: '#app',
  data: {
```

（续）

```
objects:{
    英文名:'Table tennis',
    起源地:'英国',
    起源时间:'19 世纪末',
    相关赛事:'奥林匹克运动会、乒乓球世界杯、世界乒乓球锦标赛',
    特点:'速度、爆发力、灵敏性'
    }
    }
})
</script>
```

在代码 3-5 中，定义了一个对象数据 objects，使用 v-for 指令进行遍历，而且在 v-for 表达式中，objects 是源数据，格式为：

```
objects:{
    name: value,
    ……
}
```

其中，name 和 value 是当前对象元素的别名，循环出的每个元素都可以访问到当前数据对应的名称和值。

3.1.4 v-on 指令

v-on 指令可用于绑定事件监听器，类似于原生 JavaScript 的 onclick 事件的用法。例如，在 "<button v-on:click="Href">href</button>" 中，click 是 v-on 指令的参数，用于指定 v-on 指令监听按钮的单击事件，"Href" 是在 Vue 实例中定义的方法，当单击按钮时，v-on 指令调用 Href 方法实现响应单击事件。此外，v-on 指令可以缩写为@，如 v-on:click 可以简写为@click。

设计库存数量警告标记（v-on 指令、v-show 指令、任务实施）

随着移动互联网、大数据、云计算、人工智能等新一代信息技术的快速发展，围绕网络和数据的服务与应用呈现爆发式增长，而在丰富的应用场景下也暴露出越来越多的网络安全风险和网络问题。本节运用 Vue 中的 v-on 指令制作简易的网页不安全提示框，从而加强学生的网络安全意识，提高学生的自我保护能力。温馨提示，读者在进行网页登录时，要注意保护个人数据与隐私，增强自身的信息安全与维护意识。使用 v-on 指令制作网页不安全提示框的结果如图 3-8 所示。

图 3-8　使用 v-on 指令制作网页不安全提示框的结果

使用 v-on 指令制作网页不安全提示框的主要代码如代码 3-6 所示。

代码 3-6　使用 v-on 指令制作网页不安全提示框的主要代码

```
<div id="app">
    <button v-on:click="Href">href</button>
</div>
<script>
new Vue({
  el: '#app',
  data: {
      href:'https://www.***.com'
  },
  methods: {
      Href(){
          alert(this.href+'网页建立的链接不安全！请返回！')
      }
  }
})
</script>
```

在代码 3-6 中，使用 v-on 指令绑定了一个"Href"网页的按钮事件，在 Vue 实例中定义网页信息，在 methods 对象中定义 Href()方法，Href()方法中的 this 指的是当前 Vue 实例。当运行程序，单击网页按钮时，浏览器会弹出"https://www.***.com 网页建立的链接不安全！请返回！"提示框进行不安全提示。

3.1.5　v-show 指令

v-show 指令用于根据表达式的真假值，切换元素的 CSS 属性，即 display。当模板属性值为 true 时，控制台显示为 display:block；当模板属性值为 false 时，控制台显示为 display:none。

v-show 指令的用法与 v-if 指令的用法大同小异，其实现效果也类似，不同的是，带有 v-show 指令的元素始终会被渲染并保留在 DOM 中。一般来说，v-if 指令有更高的切换消耗，而 v-show 指令有更高的初始值渲染消耗。因此，如果需要频繁切换，那么使用 v-show 指令较好；如果在运行程序时条件很少改变，那么使用 v-if 指令较好。

v-show 指令在使用时，仅需要将代码 3-1 中的 v-if 替换为 v-show 即可，两者的输出结果是一样的。同时，通过查看网页源代码检查页面元素，可以发现，在 v-show 指令中，当模板属性值为 false 时，display 的值为 none，如图 3-9 所示。

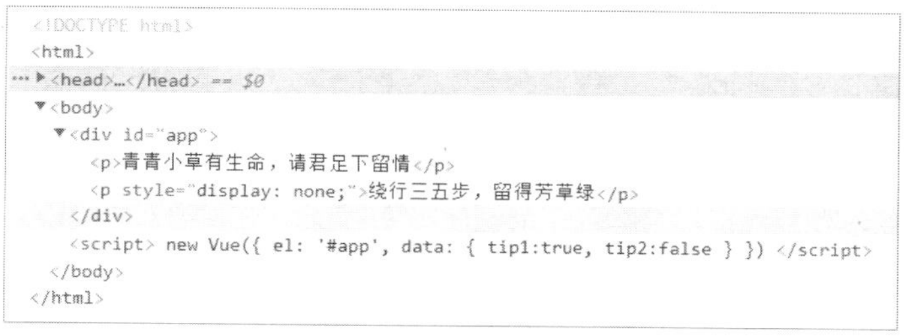

```
<!DOCTYPE html>
<html>
 ▶<head>...</head> == $0
 ▼<body>
  ▼<div id="app">
      <p>青青小草有生命，请君足下留情</p>
      <p style="display: none;">绕行三五步，留得芳草绿</p>
    </div>
    <script> new Vue({ el: '#app', data: { tip1:true, tip2:false } }) </script>
  </body>
</html>
```

图 3-9　v-show 指令网页源代码截图

【任务实施】

步骤 1　定义表单组件

使用 Form 组件定义"商品名称""商品详情""商品价格""库存量"表单组件，并在
Vue 实例的 data()代码块中添加商品属性，主要代码如代码 3-7 所示。

代码 3-7　定义表单组件的主要代码

```
<div id="app">
    <h3 style="text-align:center">商品详情</h3>
    <el-form ref="tabledata" label-width="70px">
        <el-form-item label="商品名称">
            <el-input v-model="name" ></el-input>
        </el-form-item>
        <el-form-item label="商品详情">
            <el-input type="textarea" class="textInput"    v-model="info">
            </el-input>
        </el-form-item>
        <el-form-item label="商品价格">
            <el-input :value="'￥' + price" ></el-input>
        </el-form-item>
        <el-form-item label="库存量">
        </el-form-item>
    </el-form>
</div>
<script>
    var app = new Vue({
        el: '#app',
        data: {
            name:'回头客面包',
            info:'回头客鸡蛋糕点心小面包，好吃的营养早餐食品',
            price:4,
            amount: "48"
        }
    })
</script>
```

步骤 2　设计库存量警告标记

使用 v-if 和 v-else 指令判断商品库存量，当库存量小于 50 时，给出警告标记，此时商
家应该给予重视并及时进行补货；当库存量大于或等于 50 时，则不做处理。使用 v-if 和 v-

else 指令判断库存量的主要代码如代码 3-8 所示。

代码 3-8　使用 v-if 和 v-else 指令判断库存量的主要代码

```
<div id="app">
<!--商品名称、商品详情、商品价格表单组件代码放置区  -->
    <el-form-item label="库存量">
        <div v-if="amount < 50">
            <el-input v-model="amount" :max="amount" class="filter-item kk" >
            </el-input>
        </div>
        <div v-else="amount>=50">
            <el-input v-model="amount" :max="amount" class="">
            </el-input>
        </div>
    </el-form-item>
</div>
```

当商品库存量小于 50 时给出警告标记，如图 3-10 所示。

当商品库存量大于或等于 50 时的结果如图 3-11 所示。

图 3-10　当商品库存量小于 50 时给出警告标记　　图 3-11　当商品库存量大于或等于 50 时的结果

由于小于 50 的相反条件就是大于或等于 50，不需要再判断条件，因此将代码中的 v-else="amount>=50"替换为 v-else 仍可以实现相同的条件判断分支，如代码 3-9 所示。

代码 3-9　相反条件——v-else 无须设置判断表达式

```
<div v-if="amount < 50">
    <el-input v-model="amount" :max="amount" class="filter-item kk" >
    </el-input>
</div>
<div v-else>
    <el-input v-model="amount" :max="amount" class="">
    </el-input>
</div>
```

绑定订单表单验证规则

【任务描述】

随着新零售智能销售设备的发展规模不断扩大，订单数据量也在不断增加。某商家针对用户产生的订单数据，创建了订单表格，并添加了商品订单表单，该商品订单表单已在模块 2 中创建好。为了使商家在修改错误时节省时间，避免出现很多错误需要改正的情况，使用 v-bind 指令为模块 2 中创建好的订单表单绑定表单验证规则，如图 3-12 所示，其中星号（*）表示必填项，需满足约定的验证规则。表单验证规则起到"解释"和"向导"的作用，商家可以根据提示语填写数据，及时有效地获取数据，并减轻后端服务器的压力，提高页面性能。

图 3-12　新零售智能销售数据管理与可视化平台订单数据管理

【任务要求】

（1）定义表单验证规则 rules 属性。
（2）使用 v-bind 指令在订单表单组件上绑定表单验证规则 rules 属性。

【相关知识】

3.2.1　v-bind 指令

绑定订单表单验证
规则（v-bind）

在 Vue 中，v-bind 指令用于绑定元素属性。操作元素的 class 样式和内联 style 样式是数据绑定的一个常见场景。因为 class 样式和内联 style 样式都是属性，所以可以使用 v-bind 指令进行处理。当使用 v-bind 指令处理 class 样式和内联 style 样式时，Vue 做了专门的增强，即表达式结果的类型可以是对象或数组。

1．基本用法

v-bind 指令用于更新 HTML 元素上的属性，主要用于绑定属性。v-bind 指令的基本语法如下。

v-bind:属性名

此外，v-bind:可以简写为:，如 v-bind:src 可以简写为:src。

下面通过一个例子来介绍 v-bind 指令的基本用法。例如，在"<p v-bind:href="url"></p>"中，使用 v-bind 指令实现 href 属性的绑定。通过设置使 href 属性绑定 url 变量，当 url 数据变化时，v-bind 指令可以对 href 属性进行相应的更新。

2．绑定 class 样式

在 Vue 中，使用 v-bind 指令直接绑定 class 样式可以实现对象或数组的属性样式的设置。

在 Vue 中，可以直接使用对象来设置 class 样式。对象的属性为 class 样式的类名，对象的属性值为 true 或 false，当属性值为 true 时显示样式。例如，在"<p :class="{active:isActive}"></p>"中，:class 被赋予了一个{active:isActive}对象，目的是动态地切换 class 样式，active 为 class 样式的类名，class 样式存在与否取决于对象属性 isActive 的值是 true 还是 false。

神舟十三号，简称"神十三"，为中国载人航天工程发射的第十三艘飞船。本节通过 v-bind 指令实现神舟十三号基本信息的字体颜色变化单个属性绑定，结果如图 3-13 所示，引导学生学习载人航天精神，即艰苦奋斗、勇于攻坚、开拓创新、无私奉献的精神。

图 3-13　使用 v-bind 指令实现神舟十三号基本信息的字体颜色变化单个属性绑定的结果

使用 v-bind 指令实现神舟十三号基本信息的字体颜色变化单个属性绑定的主要代码如代码 3-10 所示。

代码 3-10　使用 v-bind 指令实现神舟十三号基本信息的字体颜色变化单个属性绑定的主要代码

```
<div id="app">
    <h4>神舟十三号基本信息</h4>
    <li v-for="(m,index) in sz13" :key="index" :class="{red:isRed}">{{m}}</li>
</div>
<script>
    var app = new Vue({
        el: "#app",
        data: {
            sz13:[
            "发射时间：2021 年 10 月 16 号",
            "发射地点：酒泉卫星发射中心",
```

（续）

```
        "航天员：翟志刚、王亚平、叶光富"
        ],
        isRed:true
        },
    })
</script>
```

在代码 3-9 中，":class="{red:isRed}""表示 class 样式存在与否将取决于对象属性 isRed 的值是 true 还是 false。

当对象中的属性过多时，如果将其全部写到元素上，那么会显得非常繁多。这时可以在元素上只写对象变量，而将对象变量定义在 Vue 实例中。运用 Vue 中的 v-bind 指令，基于代码 3-9 实现字体大小为 15px，样式为粗体的多个属性绑定的结果如图 3-14 所示。

图 3-14　使用 v-bind 指令实现多个属性绑定的结果

在代码 3-9 的基础上，使用 v-bind 指令实现字体大小为 15px，样式为粗体的多个属性绑定的主要代码如代码 3-11 所示。

代码 3-11　使用 v-bind 指令实现多个属性绑定的主要代码

```
<div id="app">
    <h4>神舟十三号基本信息</h4>
    <li v-for="(m,index) in sz13" :key="index" :class="classObject">{{m}}</li>
</div>
<script>
    var app = new Vue({
        el: "#app",
        data: {
            sz13:[
            "发射时间：2021 年 10 月 16 号",
            "发射地点：酒泉卫星发射中心",
            "航天员：翟志刚、王亚平、叶光富"
            ],
            classObject:{
                red:true,
                size:true,
                font:true,
            }},
        })
</script>
```

在 Vue 中想要实现 class 样式的属性绑定，除了可以使用对象的方法，还可以使用数组的方法，把一个数组传给:class 以应用一个 class 列表。

使用数组绑定 class 样式实现如图 3-14 所示结果的主要代码如代码 3-12 所示。

代码 3-12　使用数组绑定 class 样式的主要代码

```
<div id="app">
      <h4>神舟十三号基本信息</h4>
      <!--使用数组绑定样式的方法，直接在数组中写上样式的类名-->
    <li v-for="(m,index) in sz13" :key="index" :class="[isColor]">{{m}}</li>
</div>
<script>
    var app = new Vue({
      el: "#app",
        data: {
        sz13:[
        "发射时间：2021 年 10 月 16 号",
        "发射地点：酒泉卫星发射中心",
        "航天员：翟志刚、王亚平、叶光富"
        ],
        isColor:'red',
        isSize:'size'},
      })
</script>
```

当然，数组语法也支持实现多个属性的绑定，直接在数组中添加多个变量即可。

在 Vue 中，使用 v-bind 指令绑定内联 style 样式的方法与使用 v-bind 指令绑定内联 class 样式的方法大同小异，其作用和实现效果也类似。读者可以根据需求自行学习使用 v-bind 指令绑定内联 style 样式的方法，这里不再细讲。

3.2.2　v-model 指令

v-model 指令用于在表单组件上创建双向数据绑定，它会根据组件类型自动选取正确的方法来更新元素。v-model 指令的本质是监听用户的输入事件，从而更新数据，并对一些极端场景进行特殊处理。当输入事件发生时，v-model 指令会实时更新 Vue 实例中的数据，从而实现数据的双向绑定。

绑定订单表单
验证规则（v-
model 指令）

➡1．基本用法

v-model 指令其实是把 Vue 中的属性绑定到元素（input）上，如果该元素数据属性有值，那么该值将会显示到 input 上，同时元素中输入的内容也决定了 Vue 中的属性值。例如，在 "<p><input type="text" v-model="msg">{{msg}}</p>" 中，v-model 指令在表单的输入框组件上创建双向数据绑定，绑定 msg 属性，当用户在输入框中输入内容时，msg 的值会被实时更新，并且更新后的值将显示到页面中。

班干部是班级建设的重要组织力量，是班级中的重要成员。通过竞选班干部的形式让学生上台向大家展示自己的优势，有利于消除学生的胆怯心理，帮助学生建立自信心，同时培养学生的语言组织能力、语言表达能力。使用 v-model 指令实现学生姓名和个人优势介绍双向数据绑定的结果如图 3-15 所示。

图 3-15 使用 v-model 指令实现学生姓名和个人优势介绍双向数据绑定的结果

使用 v-model 指令实现学生姓名和个人优势介绍双向数据绑定的主要代码如代码 3-13 所示。

代码 3-13 使用 v-model 指令实现学生姓名和个人优势介绍双向数据绑定的主要代码

```
<div id="app">
    <label for="name">姓名：</label>
    <!--使用 v-model 指令创建双向数据绑定，绑定 name 属性-->
    <input v-model="name" type="text" id="name"><br>
    <span>个人优势介绍：</span>
    <!--把上面的<input>标签换成<textarea>标签，即可实现多行文本的绑定-->
    <!--v-model 指令创建双向数据绑定，绑定 message 属性-->
    <textarea v-model="message" placeholder="添加个人优势介绍"></textarea>
    <p>我叫{{name}},个人优势是{{ message }}</p>
</div>
<script>
    new Vue({
    el:"#app",
    data:{
     // name、message 属性的初始值为空
      name:",
      message:"
    }
    })
</script>
```

在代码 3-12 中，v-model 指令在表单组件上创建双向数据绑定，分别绑定 name、message 属性。name、message 属性的初始值为空，当用户在输入框中输入内容时，name、message 属性的值会被实时更新，并且更新后的值将显示到页面中。

2．值绑定

对于单选框、复选框和选择器来说，v-model 指令绑定的值通常是静态字符串（对于复选框来说也可以是布尔值）。如果需要将值绑定到 Vue 实例的一个动态属性上，则可以使用 v-bind 指令实现，并且这个属性的值可以不是字符串。

　　例如，在 "<input type="radio" v-model="pick" :value="a">" 中，首先使用 v-bind 指令为单选框绑定一个属性 a，并且在 Vue 实例中定义 a 的属性值，然后使用 v-model 指令为单选框双向绑定 pick 属性，当单选框被选中后，pick 的值等于 a 的值。

　　下面使用 v-model 指令实现单选框绑定选中状态下的值。当单选框没有被选中时，显示 "没选中"，如图 3-16 所示；当单选框被选中时，显示 "该单选框已被选中"，如图 3-17 所示。

图 3-16　单选框没有被选中的结果

图 3-17　单选框被选中的结果

　　使用 v-model 指令实现单选框绑定选中状态下的值的主要代码如代码 3-14 所示。

代码 3-14　使用 v-model 指令实现单选框绑定选中状态下的值的主要代码

```
<div id="app">
    <input type="radio" v-model="checked" :value="value">
    <span>{{checked}}</span>
</div>
<script>
    new Vue({
        el:'#app',
        data:{
        // 定义 value 属性值为 "该单选框已被选中"，checked 属性值为 "没选中"
            value:'该单选框已被选中',
            checked:'没选中'
        }
    })
</script>
```

　　在代码 3-14 中，首先使用 v-bind 指令为单选框绑定一个属性 value，并在 Vue 实例中定义 value 的属性值，然后使用 v-model 指令为单选框双向绑定 checked 属性，当单选框被选中后，checked 的值等于 value 的值。

● 3．修饰符

　　v-model 指令还有 3 个常用的指令修饰符：.lazy、.number 和 .trim。

1）.lazy 修饰符

　　在默认情况下，v-model 指令在每次 input 事件触发后都将输入框中的值与数据进行同步。通过在 v-model 指令后添加 .lazy 修饰符，可以转变为在 change 事件被触发之后进行同步。

　　使用 .lazy 修饰符实现个人学习计划更新，输入 "多听，多记"，结果如图 3-18 所示。

图 3-18　输入"多听，多记"后的结果

输入"多写，多读"，change 事件被触发后同步的结果如图 3-19 所示。

图 3-19　输入"多写，多读"后的结果

使用.lazy 修饰符实现个人学习计划更新的主要代码如代码 3-15 所示。

代码 3-15　使用.lazy 修饰符实现个人学习计划更新的主要代码

```
<div id="app">
    <laber></laber>
    <input type="text" v-model.lazy="plan">
    <p>{{plan}}</p>
</div>
<script>
    new Vue({
        el:"#app",
        data:{
            plan:'多听，多记'
        }
    })
</script>
```

2）.number 修饰符

.number 修饰符可以将输入的数值转换为 number 类型，用法是直接在 v-model 指令后添加.number 修饰符。需要注意的是，.number 修饰符并不是限制用户的输入，而是将用户输入的数值转换为 number 类型。

使用.number 修饰符实现年龄输入类型转换的结果如图 3-20 所示。

图 3-20　使用.number 修饰符实现年龄输入类型转换的结果

在图 3-20 中，input 输入框的数据类型为字符串，输入"12"后，由于使用了.number 修饰符，因此显示的数据类型为 number。

使用.number 修饰符实现年龄输入类型转换的主要代码如代码 3-16 所示。

代码 3-16　使用.number 修饰符实现年龄输入类型转换的主要代码

```
<div id="app">
    <laber>年龄：</laber>
    <input type="text" v-model.number="age">
    <!--在<input>标签中，输入的内容无论是数字还是字母，其数据类型都是字符串-->
    <p>数据类型是：{{typeof(age)}}</p>
</div>
<script>
    new Vue({
        el:"#app",
        data:{
            age:"
        }
    })
</script>
```

3）.trim 修饰符

.trim 修饰符的作用是自动过滤用户输入内容的首尾空格，用法是直接在 v-model 指令后添加.trim 修饰符。

使用.trim 修饰符自动过滤用户输入内容的首尾空格进行文字数量统计的结果如图 3-21 所示。

图 3-21　使用.trim 修饰符自动过滤用户输入内容的首尾空格进行文字数量统计的结果

在图 3-21 中，在 input 前后分别输入了两个空格，并输入"指令有哪些"，在一般情况下，会输出"val 的长度是：9"，但由于 v-model 指令使用.trim 修饰符，实现了自动过滤输入内容的首尾空格，因此输出"val 的长度是：5"。

使用.trim 修饰符自动过滤用户输入内容的首尾空格进行文字数量统计的主要代码如代码 3-17 所示。

代码 3-17　使用.trim 修饰符自动过滤用户输入内容的首尾空格进行文字数量统计的主要代码

```
<div id="app">
    <laber></laber>
    <input type="text" v-model.trim="val"> #添加.trim 修饰符过滤输入内容的首尾空格
    <p>val 的长度是：{{val.length}}</p> #显示 val 的长度
</div>
<script>
    new Vue({
        el:"#app",
        data:{
```

（续）

```
    // val 的初始值为空
        val:'' }
    })
</script>
```

【任务实施】

绑定订单表单验证
规则（任务实施）

步骤 1　定义表单验证规则 rules 属性

创建 Vue 实例并在 Vue 实例的 data()代码块中定义表单验证规则
rules 属性的主要代码如代码 3-18 所示。

代码 3-18　定义表单验证规则 rules 属性的主要代码

```
<script>
    const app = new Vue({
    el: '#app',
    data() {
      return {
        rules: {
                equipment: [{ required: true, message: '请输入设备编号', trigger: 'change' }],
                time: [{ required: true, message: '请选择下单时间', trigger: 'change' }],
                order: [{ required: true, message: '请输入订单编号', trigger: 'change' }],
                quantity: [{ required: true, message: '请输入销售量', trigger: 'change' }],
                money: [{ required: true, message: '请输入总金额（元）', trigger: 'change' }],
                pay: [{ required: true, message: '请选择支付状态', trigger: 'change' }],
                ship: [{ required: true, message: '请选择出货状态', trigger: 'change' }],
                refund: [{ required: true, message: '请输入退款金额（元）', trigger: 'change' }],
                user: [{ required: true, message: '请输入购买用户', trigger: 'change' }],
                address: [{ required: true, message: '请选择对应的市区', trigger: 'change' }],
                name: [{ required: true, message: '请输入商品名称', trigger: 'change' }],
                month: [{ required: true, message: '请输入月份', trigger: 'change' }],
                hour: [{ required: true, message: '请输入小时', trigger: 'change' }],
                period: [{ required: true, message: '请选择对应的时间段', trigger: 'change' }],
                cluster: [{ required: true, message: '请选择购买用户（群集）', trigger: 'change' }],
                type: [{ required: true, message: '请选择用户类型', trigger: 'change' }],
                }
        }}
    })
</script>
```

> 提示：为了更好地展现定义表单验证规则 rules 属性的主要代码，在代码 3-18 中省
> 略了在模块 2 中介绍过的代码。读者要细心严谨地对照模块 2 中的详细代码进行此任务
> 代码的规范编写和扩充。

步骤 2　使用 v-bind 指令在订单表单组件上绑定表单验证规则 rules 属性

表单验证规则是浏览者与页面交互时的一个核心沟通流程，有效地使用验证规则有助于提高数据质量。Form 组件提供了表单规则验证功能，用户可通过 v-bind 指令绑定 rules 属性传入约定的表单验证规则，并给表单中的元素设置 prop 属性（其值是需要校验的字段名）来实现。

使用 v-bind 指令给模块 2 中创建好的订单表单组件元素绑定表单验证规则的主要代码如代码 3-19 所示。

代码 3-19　使用 v-bind 指令给订单表单组件元素绑定表单验证规则的主要代码

```
<el-form :model="form"  :rules="rules" label-width="120px" size="mini" label-position="right">
    <!-- 添加表单组件，输入框 -->
    <el-form-item label="设备编号" prop="equipment">
        <el-input v-model="form.equipment" ></el-input>
    </el-form-item>
    <!-- 添加表单组件，日期时间选择器 -->
    <el-form-item label="下单时间" prop="time">
        <el-date-picker v-model="form.time" type="datetime" value-format="yyyy-MM-dd
HH:mm:ss" placeholder="选择下单时间"></el-date-picker>
    </el-form-item>
    </el-col>
    </el-form-item>
    <el-form-item label="订单编号" prop="order">
        <el-input v-model="form.order" prop="quantity"></el-input>
    </el-form-item>
    <!-- 添加表单组件，按钮 -->
    <el-form-item>
        <el-button type="primary" @click="submitUser()">确 定</el-button>
        <el-button @click="iconFormVisible = false">取 消</el-button>
    </el-form-item>
</el-form>
<script>
const app = new Vue({
    el: '#app',
    data() {
        return {
            ......
            form: {
                equipment: '', time: '', order: '', quantity: 0,
                money: 0, pay: '', ship: '', refund: 0, user: '', address: '',
                name: '', month: 0, hour: 0, period: '', cluster: '', type: ''
            },
            rules: {
```

（续）

```
equipment: [{ required: true, message: '请输入设备编号', trigger: 'blur' }],
time: [{ required: true, message: '请选择下单时间', trigger: 'blur' }],
order: [{ required: true, message: '请输入订单编号', trigger: 'blur' }],
quantity: [{ required: true, message: '请输入销售量', trigger: 'blur' }],
money: [{ required: true, message: '请输入总金额（元）', trigger: 'blur' }],
pay: [{ required: true, message: '请选择支付状态', trigger: 'blur' }],
ship: [{ required: true, message: '请选择出货状态', trigger: 'blur' }],
refund: [{ required: true, message: '请输入退款金额（元）', trigger: 'blur' }],
user: [{ required: true, message: '请输入购买用户', trigger: 'blur' }],
address: [{ required: true, message: '请选择对应的市区', trigger: 'blur' }],
name: [{ required: true, message: '请输入商品名称', trigger: 'blur' }],
month: [{ required: true, message: '请输入月份', trigger: 'blur' }],
hour: [{ required: true, message: '请输入小时', trigger: 'blur' }],
period: [{ required: true, message: '请选择对应的时间段', trigger: 'blur' }],
cluster: [{ required: true, message: '请选择购买用户（群集）', trigger: 'blur' }],
type: [{ required: true, message: '请选择用户类型', trigger: 'blur' }],
}
```

> **提示**：此部分订单所设置的组件较多，读者在编写代码时需要遵守代码编写规范，同时要耐心、严谨。

使用 v-bind 指令给模块 2 中创建好的订单表单组件元素绑定表单验证规则的结果如图 3-22 所示。

图 3-22　使用 v-bind 指令给订单表单组件元素绑定表单验证规则的结果（部分）

模块小结

指令在 Vue 中是一个很重要的功能，在 Vue 项目中是必不可少的。本模块首先从 Vue 指令的基本概念出发，介绍了什么是 Vue 指令。再通过介绍 v-if、v-on、v-bind、v-model 等指令的相关知识，让读者掌握如何进行条件绑定、数据绑定。

通过本模块的学习，读者能够熟练掌握 Vue 指令的相关知识，从而为解决实际问题奠定良好的基础。同时本模块的相关内容可以引导学生勤学好问，激发学生的学习激情。

课后作业

1．选择题

（1）下列关于 Vue 的指令描述正确的是（　　　）。

　　A．v-if 指令用于条件判断

　　B．v-else 指令可以给 v-if 指令添加一个 else 块

　　C．v-show 指令可以根据条件控制其他指令的使用

　　D．v-bind:class 用于设置一个对象，从而动态地切换 class 样式

（2）在 Vue 中，v-for 指令可以应用在任何有效的 HTML 标签上，在下列选项中，其循环数组的基本语法正确的为（　　　）。

　　A．v-for=(item,index) in items　　　　B．v-for=(item index) in items

　　C．v-for:(item,index) in items　　　　D．v-for(item index) in items

（3）完整的 v-on 语法<a v-on:click="doSomething"></a>可以缩写为（　　　）。

　　A．<a onclick="doSomething"></a>　　　B．<a :click="doSomething"></a>

　　C．<a @click="doSomething"></a>　　　D．<a click="doSomething"></a>

（4）在 Vue 中用于实现双向数据绑定的指令是（　　　）。

　　A．v-bind　　　　B．v-for　　　　C．v-model　　　　D．v-if

（5）在 Vue 中，能够实现页面单击事件绑定的代码是（　　　）。

　　A．v-on:enter　　　　　　　　　　B．v-on:click

　　C．v-on:mouseenter　　　　　　　　D．v-on:doubleclick

（6）在 Vue 中，关于 v-bind 指令绑定样式的写法正确的是（　　　）。

　　A．<div v-bind:class="{active:isActive}"></div>

　　B．<div v-bind:class="{active:isActive, 'text-danger':hasError }"></div>

　　C．<div v-bind:class="{activeClass:errorClass}"></div>

　　D．<div v-bind:class="{classObject}"></div>

2．操作题

（1）随着社会的飞速发展，人们的工作节奏不断加快，平时会有很多待办事项要处理，这些待办事项有的在一个时间段内，有的在几天之内。待办事项就是等待处理的事情。待办事项管理无论是对于个人还是对于企业来说，都是很重要的。做好待办事项管理，个人

可以更好地规划自己的生活，企业可以确保各项工作及时有效推进，在规定时间内完成既定任务。

读者可以根据所学知识开发一个简易的每日待办事项管理系统帮助人们合理安排时间，规划生活。具体操作步骤如下。

①引入 vue.js 库文件。

②创建输入框，用于输入新的待办事项并将其添加到列表中。

③创建 Vue 实例，定义一个数组以存放待办事项信息。

④在 Vue 实例中定义两个方法，分别用于添加和删除待办事项。

（2）图书管理是高校每个系部或院部都必须切实面对的工作，目前仍有少部分院系在使用传统的人工方式管理图书资料。为了方便图书管理员的操作，减少图书管理员的工作量并使其更有效地管理书库中的图书，可进行传统图书管理工作的信息化建设，实现图书信息查询。

读者可利用所学知识开发一个简易的图书管理系统实现图书信息查询，具体操作步骤如下。

①引入 element-ui 库文件和 vue.js 库文件。

②创建一张表格并设置表格样式。

③创建 Vue 实例并定义一个数组以存放图书信息。

④创建两个按钮分别用于添加和删除图书。

模块 4 设计新零售智能销售平台的数据绑定
——Vue 数据绑定

在现实生活中，人们通常需要将身份证与银行卡进行实名绑定来开通支付宝。通过实名认证绑定，可以建立完善可靠的互联网信用体系，有效保障个人信息的安全。

Vue 数据绑定就是将数据和页面视图相关联，当数据发生变化时，页面视图随之自动更新。本模块将介绍语法插值的基本内容，条件渲染和列表渲染的渲染机制，计算属性、方法和侦听属性的基本内容及三者的区别，以及生命周期的相关内容。

【教学目标】

1. 知识目标

（1）了解插值的基本概念。
（2）掌握文本插值、HTML 插值和 JavaScript 表达式插值的基本用法。
（3）掌握条件渲染和列表渲染的基本用法。
（4）掌握计算属性、方法、侦听属性的基本用法。
（5）掌握计算属性与方法和侦听属性的区别。
（6）了解生命周期和钩子函数的基本概念。
（7）掌握钩子函数的基本用法。

2. 技能目标

（1）能够使用插值方式实现数值插值。
（2）能够使用数组更新方法实现数据的增减。
（3）能够使用数组过滤方法实现偶数数组的过滤。
（4）能够使用计算属性实现图书总金额的五折计算。
（5）能够使用方法实现简单的安全知识小问答设计。
（6）能够使用侦听属性实现圆形颜色的变化。
（7）能够使用钩子函数实现生命周期过程。
（8）能够使用钩子函数实现简单计时器的制作。

3. 素养目标

（1）引导学生合理规划零花钱，树立正确的消费观。
（2）培养学生的网络安全意识，提高自我保护能力。
（3）培养学生合理利用与节约水资源的意识。

（4）培养学生严于律己，一丝不苟的品质。
（5）培养学生的安全防范与自我保护意识。

任务 4.1　使用文本插值方式显示当前日期、时间和问候语

【任务描述】

随着信息化建设的深入，越来越多新零售智能销售产业的新业务需要实现信息化功能，因此，建立一个可视化的数据中心平台很有必要。新零售智能销售数据管理与可视化平台通过 Vue 文本插值的方式，在首页清晰完整地显示实时日期、时间和问候语，如图 4-1 所示。

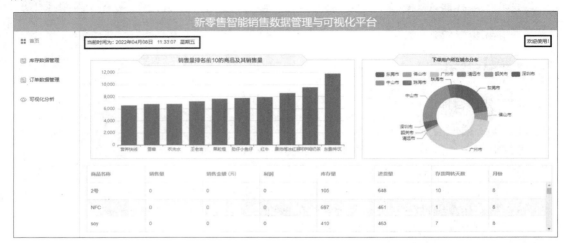

图 4-1　新零售智能销售数据管理与可视化平台显示实时日期、时间和问候语

【任务要求】

（1）获取当前日期和时间。
（2）在小于 10 的数字前加 0 并格式化日期和时间。
（3）使用文本插值方式显示当前日期、时间和问候语。

【相关知识】

4.1.1　文本插值

使用文本插值显示当前日期时间

插值是简单、常用的数据绑定方法之一，可以直接在网页上使用"{{}}"形式绑定数据，其中，"{{}}"符号是 Mustache 语法。Vue 中的插值主要有文本插值、HTML 插值和 JavaScript 表达式插值。

Vue 支持动态渲染文本，即在修改属性的同时，实时渲染文本内容。文本插值以"{{}}"

形式插入内容，并输出纯文本。若用户只需单纯显示文本信息，则可以直接使用文本插值。

下面使用文本插值方式在某网页上插入该网页的问候语，其值为"欢迎来到 Vue 世界!"，结果如图 4-2 所示。

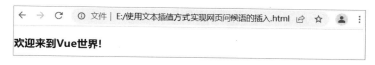

图 4-2　插入网页问候语的结果

使用文本插值方式实现网页问候语插入的主要代码如代码 4-1 所示。

代码 4-1　使用文本插值方式实现网页问候语插入的主要代码

```
<div id="app">
    <h3>{{message}}</h3>
</div>
<script>
    new Vue({
        el:'#app',
        data:{
            message:'欢迎来到 Vue 世界!'
        }
    })
</script>
```

在代码 4-1 中，{{message}}的值会被相应的数据对象（即在 Vue 实例的 data 选项中定义的 message 属性值）替换。当 message 属性值发生变化时，文本插值会随之自动更新。

4.1.2　HTML 插值

双大括号{{}}会将数据解释为纯文本，而非 HTML 代码。为了输出真正的 HTML 代码，需要使用 v-html 指令。v-html 指令会把元素中的 HTML 标签解析后输出。v-html 指令后面通常跟着一个 string，即字符串类型，该指令会将 string 中的 HTML 解析出来并进行渲染。

在生活中，用户名及密码的应用范围较为广泛，我们可以将用户名和密码技术应用在电子商务中，对网上交易双方的身份进行识别。如果我们不是在 HTML 网页中直接使用 Input 表单元素定义用户名框和密码框，而是将实现用户名框和密码框定义的代码以字符串的格式放在数据变量 message 里面，则 v-html 指令渲染的是一个 message 实例数据，即将实例中 message 数据当作 HTML 标签进行解析并渲染，渲染结果如图 4-3 所示。

图 4-3　使用 HTML 插值方式实现用户名框和密码框输出的结果

使用 HTML 插值方式实现用户名框和密码框输出的主要代码如代码 4-2 所示。

代码 4-2　使用 HTML 插值方式实现用户名框和密码框输出的主要代码

```
<div id="app">
    <p v-html="message"></p>
</div>
<script>
    const app = new Vue({
    el:"#app",
    data: {
        message:'用户名<input type="text" value="小红">'+'密码<input type="text" value="123456">'
        }
    })
</script>
```

拓展：v-html 指令渲染在实际项目中还有很多用途。例如，一些基于 Web 的在线图文编辑器提供的文档存储格式是 HTML 格式，当我们需要将在线图文编辑器排版的文章内容输出到网页中时，可以应用 v-html 指令将 HTML 格式的文章内容渲染到网页指定位置进行显示，实现思路请读者自行思考。

4.1.3　JavaScript 表达式插值

迄今为止，在模板语法中，一直都只是绑定简单的属性值。而在大多数情况下，当需要书写数学运算符或三元表达式时，Vue 提供了完全的 JavaScript 表达式支持。例如，在"{{number+1}}"中，"number+1"表达式会在所属 Vue 实例的数据作用域下作为 JavaScript 代码被解析。但需要注意的是，存放在{{}}中的内容只能是 JavaScript 表达式，不能是 JavaScript 语句。例如，"{{var name='xiaoli'}}"的写法是错误的。

运用数学知识解决现实生活中遇到的问题是学生需要学习并掌握的技能之一。数学计算，要求学生具备严谨、细致的能力。下面使用 JavaScript 表达式插值方式实现购买图书总金额的计算，结果如图 4-4 所示，在计算过程中可以培养学生严于律己，一丝不苟的品质。

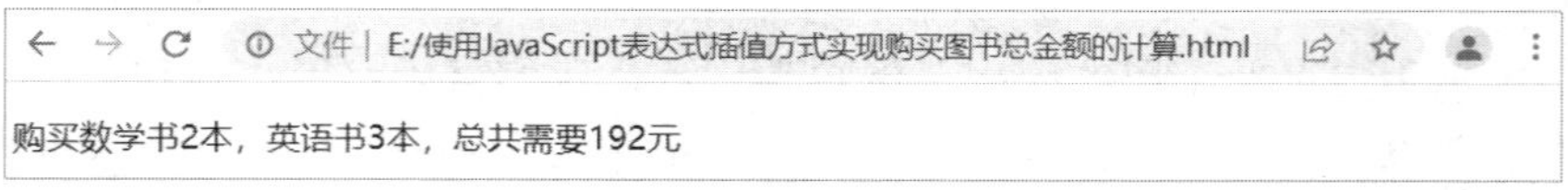

图 4-4　使用 JavaScript 表达式插值方式实现购买图书总金额计算的结果

使用 JavaScript 表达式插值方式实现购买图书总金额计算的主要代码如代码 4-3 所示。

代码 4-3　使用 JavaScript 表达式插值方式实现购买图书总金额计算的主要代码

```
<div id="app">
    <P>购买数学书 2 本，英语书 3 本，总共需要{{sxPrice*sxNumber+yyPrice*yyNumber}}元</P>
</div>
<script>
```

（续）

```
    var vm =new Vue({
        el:'#app',
        data:{
            sxNumber:'2',
            sxPrice:'45',
            yyNumber:'3',
            yyPrice:'34'
        }
    })
</script>
```

【任务实施】

步骤 1　获取当前日期和时间

使用文本插值显示当前日期时间（任务实施）

创建 Vue 实例，在 data 选项中使用 new Date()方法获取当前日期和时间，并定义 greeting 属性值，主要代码如代码 4-4 所示。

代码 4-4　获取当前日期和时间的主要代码

```
<script>
    var app=new Vue({
        el:'#app',
        data:{
            newDate:new Date(),
            greeting:'欢迎使用！'
            }
    })
</script>
```

步骤 2　在小于 10 的数字前加 0 并格式化日期和时间

在 methods 中定义 dateFormat()方法，并在该方法中分别定义 date、year、month、day 等变量来获取当前日期和时间，使用三元运算符在小于 10 的数字前加 0 并将日期和时间格式化，主要代码如代码 4-5 所示。

代码 4-5　使用三元运算符在小于 10 的数字前加 0 并将日期和时间格式化的主要代码

```
<script>
    methods: {
        // 格式化日期和时间
        dateFormat () {
        // 定义 date 变量，获取日期和时间
```

（续）

```
var date = new Date()
var year = date.getFullYear()
var month = date.getMonth()+1 < 10 ? '0' + (date.getMonth() + 1) : date.getMonth() + 1
var day = date.getDate() < 10 ? '0' + date.getDate() : date.getDate()
var hours = date.getHours() < 10 ? '0' + date.getHours() : date.getHours()
var minutes = date.getMinutes() < 10 ? '0' + date.getMinutes() : date.getMinutes()
var seconds = date.getSeconds() < 10 ? '0' + date.getSeconds() : date.getSeconds()
let week = date.getDay()
let weekArr = [ '星期日', '星期一', '星期二', '星期三', '星期四', '星期五', '星期六' ]
// 按照时间格式处理
return year + '年' + month + '月' + day + '日  ' + hours + ':' + minutes + ':' + seconds + ' ' +
weekArr[week]}}
</script>
```

步骤 3 使用文本插值方式显示当前日期、时间和问候语

使用文本插值方式显示当前日期、时间和问候语，并且设置问候语文本位于页面右上角，主要代码如代码 4-6 所示。

代码 4-6 使用文本插值方式显示当前日期、时间和问候语的主要代码

```
<div id="app">
    <a>当前时间为：{{dateFormat(newDate)}}<a style="float: right">{{greeting}}</a></a>
</div>
```

使用文本插值方式显示当前日期、时间和问候语的结果如图 4-5 所示。由于时间是实时更新的，因此每次运行程序显示的日期和时间都不一样。

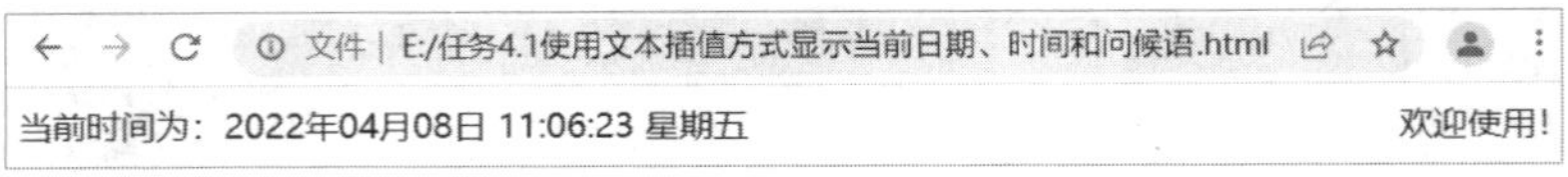

当前时间为：2022年04月08日 11:06:23 星期五   欢迎使用！

图 4-5 使用文本插值方式显示当前日期、时间和问候语的结果

任务 4.2 渲染订单数据列表

【任务描述】

订单数据是新零售智能销售数据管理与可视化平台的核心模块之一，指的是用户下单商品后所产生的数据。某商家为了使用更加方便的方法将订单数据列表渲染到表单中，基于任务 3.1 所介绍的 v-if、v-else、v-else-if、v-show、v-for 等基本指令，新增对订单对象数组的更新检测、数组过滤与排序等技术对订单数据列表进行渲染，直观展示订单表单，有效提高订单数据列表展示的开发效率，如图 4-6 所示。

图 4-6　新零售智能销售数据管理与可视化平台订单数据列表渲染

【任务要求】

（1）定义出货状态、市和下单时间段的订单数据列表。

（2）使用 v-for 指令渲染出货状态、市和下单时间段的订单数据列表。

【相关知识】

4.2.1　条件渲染

渲染订单数据列表

条件渲染就是满足一定的条件后才会渲染，并且能根据不同的条件展示不同的内容或组件。v-if、v-else、v-else-if 和 v-show 指令可以实现条件渲染，Vue 会根据表达式值的真假来渲染元素。其中，条件渲染所用指令的基本概念已在模块 3 中介绍，此处不再介绍。

用户账号和用户电子邮箱都可以作为一种登录方式，且两者都是用于区别不同用户的标识。用户电子邮箱和用户账号的唯一性有利于识别用户，防止虚假注册，从而提高账号的安全性。下面使用 v-if 指令和 v-else 指令实现用户账号和用户电子邮箱登录方式之间的切换，结果如图 4-7 所示，当单击"切换方式"按钮时，登录方式切换为用户电子邮箱，如图 4-8 所示。读者需要注意的是，在享受方便快捷的同时，也需要保护个人信息安全和个人隐私，以防止信息泄露。

图 4-7　用户账号和用户电子邮箱登录方式之间的切换结果

图 4-8　单击"切换方式"按钮登录方式切换为用户电子邮箱

使用 v-if 指令和 v-else 指令实现用户账号和用户电子邮箱登录方式之间切换的主要代码如代码 4-7 所示。

代码 4-7　使用 v-if 指令和 v-else 指令实现用户账号和用户电子邮箱登录方式之间切换的主要代码

```
<div id="app">
        <span v-if="isUser">
            <label for="username">用户账号</label>
            <input type="text" id="username" placeholder="用户账号" key="username">
        </span>
        <span v-else>
            <label for="email">用户电子邮箱</label>
            <input type="text" id="email" placeholder="用户电子邮箱" key="email">
        </span>
    //判断切换（用户账号登录或用户电子邮箱登录）
        <button @click="isUser = !isUser">切换方式</button>
</div>
<script>
        const app = new Vue({
            el: '#app',
            data: {
                isUser: true
            }
        })
</script>
```

4.2.2　列表渲染

在 Vue 中，可以使用 v-for 指令根据数组的列表进行渲染。同时 Vue 为了增强列表渲染功能，增加了一组数组更新检测的方法，而且该方法可以显示一个数组的过滤或排序的副本。

➡1. 基本用法

当遍历一个数组或对象进行循环迭代展示时，会用到列表渲染。Vue 提供了 v-for 指令用来循环迭代数据，进而实现列表渲染功能。

个人信息是指能够识别、确定自然人身份的数据或信息集合。在当今这个网络十分发达的时代，人们可以通过个人信息表让别人了解自己的基本情况。但需要注意的是，人们应提高个人信息安全和个人隐私保护的意识。某学校为了将学生个人信息保存到列表中，通过 v-for 指令将学生个人信息渲染到表格中。

使用 v-for 指令将学生个人信息渲染到表格中的结果如图 4-9 所示。

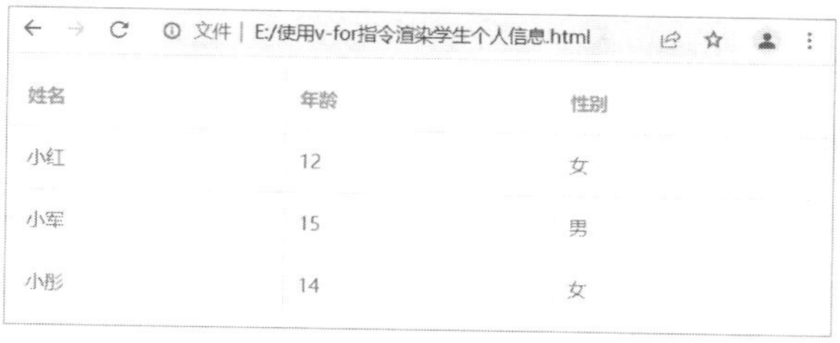

图 4-9　使用 v-for 指令将学生个人信息渲染到表格中的结果

使用 v-for 指令将学生个人信息渲染到表格中的主要代码如代码 4-8 所示。

代码 4-8　使用 v-for 指令将学生个人信息渲染到表格中的主要代码

```
<div id="app">
<el-table style="width: 100%" border :data="tableData" :key="index">
    <template v-for="(item,index) in tableHead">
     <el-table-column :prop="item.column_name" :label="item.column_comment" :key="index" v-
if="item.column_name != 'id'"></el-table-column>
    </template>
</el-table>
</div>
<script>
    const app = new Vue({
      el: '#app',
      data() {
       return {
          tableHead:[{
                column_name: "column_name",column_comment:"姓名"
            },{
                column_name: "column_age",column_comment:"年龄"
            },{
                column_name: "column_sex",column_comment:"性别"
        }],
         tableData: [{
                column_age: '12',
                column_name: '小红',
                column_sex: '女'
            },{
                column_age: '15',
                column_name: '小军',
                column_sex: '男'
            },{
                column_age: '14',
                column_name: '小彤',
                column_sex: '女'
```

（续）

```
            }],}}})
</script>
```

2. 数组更新检测

Vue 为列表渲染提供了数组更新检测的方法，分别为变异方法和非变异方法。

1）变异方法

Vue 包含一组数组更新检测的变异方法，同时，这些方法会触发视图的更新。变异方法及其说明如表 4-1 所示。

表 4-1 变异方法及其说明

方　　法	说　　明
push()	接收任意数量的参数，将其逐个添加到数组末尾，并返回修改后的数组长度
pop()	移除数组末尾最后一项，减少数组的 length 值，并返回移除的项
shift()	移除数组中的第一项并返回该项，同时数组的长度减 1
unshift()	在数组前端添加任意一项并返回新数组的长度
splice()	删除原数组的一部分成员，并可以在删除的位置加入新的数组成员
sort()	用于对数组的元素进行排序
reserve()	用于反转数组的顺序，返回经过排序的数组

运用数组更新检测的变异方法，基于代码 4-8 实现学生个人信息表的增减功能。当单击"push"按钮时，将在表格最后添加一组信息元素，结果如图 4-10 所示。

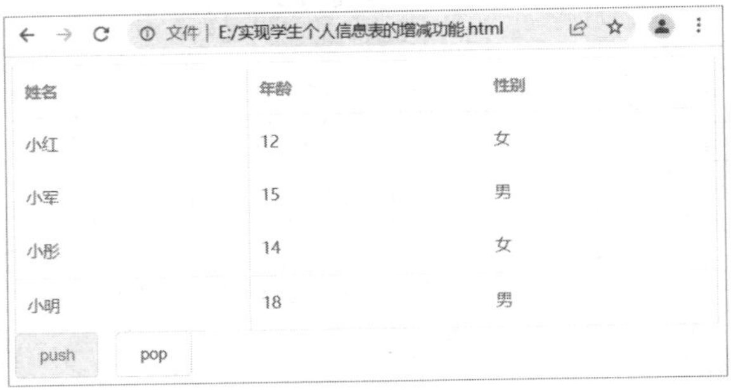

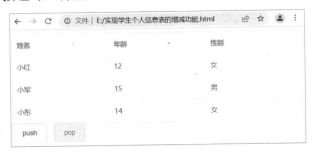

图 4-10 添加信息元素的结果

当单击"pop"按钮时，将删除表格最后的一组信息元素，结果如图 4-11 所示。

图 4-11 删除信息元素的结果

　　添加两个按钮，运用数组更新检测的变异方法，基于代码 4-8 实现学生个人信息表的增减功能，主要代码如代码 4-9 所示。

代码 4-9　实现学生个人信息表的增减功能的主要代码

```html
<div id="app">
    <el-button @click="push()">push</el-button>
    <el-button @click="pop()">pop</el-button>
</div>
<script>
    const app = new Vue({
    el: '#app',
    // 定义添加的学生个人信息数据
    methods:{
        push(){
            this.tableData.push({
                column_age: '18',
                column_name: '小明',
                column_sex: '男'
            })      //末尾添加
        },
        pop(){
            this.tableData.pop()      // 末尾删除
    },}})
</script>
```

> **提示**：为了更清晰地展现学生个人信息表增减功能的主要代码，此部分不再展示代码 4-8 中的代码，读者在编写代码时需要遵守代码编写规范，耐心严谨地编写完整代码。

2）非变异方法

变异方法会改变调用此方法的原始数组。相比之下，还存在非变异方法，其包括 concat()、slice()方法和 filter()。非变异方法不会改变原始数组，而是返回一个新数组。当使用非变异方法时，可以用新数组替换旧数组。非变异方法及其说明如表 4-2 所示。

表 4-2　非变异方法及其说明

方　　法	说　　明
concat()	先创建当前数组的一个副本，再将接收的参数添加到此副本的末尾，最后返回新构建的数组
slice()	基于当前数组中的一项或多项创建一个新的数组，接收一个或两个参数，即返回项的起始位置和结束位置，最后返回新数组
filter()	对数组中的每一项给定函数进行处理，该函数会返回 true 项组成的数组

运用数组更新检测的非变异方法，基于代码 4-8 实现筛选年龄大于 14 岁的学生信息的功能。当单击"filter"按钮时，会筛选出年龄大于 14 岁的学生信息，如图 4-12 所示。

· 113 ·

图 4-12　筛选年龄大于 14 岁的学生信息

添加按钮，运用非变异方法筛选年龄大于 14 岁的学生信息，主要代码如代码 4-10 所示。

代码 4-10　筛选年龄大于 14 岁的学生信息的主要代码

```
<div id="app">
    <el-button @click="filter()">filter</el-button>
</div>
<script>
    const app = new Vue({
    el: '#app',
    // 定义筛选条件
    methods:{
        filter(){
            this.tableData=this.tableData.filter(function(element){
                if(element.column_age>14){
                    return element;
                }
            })
        }
    }
    })
</script>
```

3. 数组过滤与排序

当用户需要显示一个经过过滤或排序后的数组，而不进行实际变更或重置原始数据时，可以使用数组过滤与排序方法。本小节重点介绍数组过滤方法。

偶数是指在整数中能被 2 整除的数，也就是 2 的倍数。在日常生活中，每逢喜事，人们通常会送礼物，以表示祝贺，而所送礼物，较多为偶数，寓意"好事成双""双喜临门"。运用数组过滤方法对一组数组中的偶数进行过滤，过滤结果如图 4-13 所示。

图 4-13　过滤结果

运用数组过滤方法对一组数组中的偶数进行过滤的主要代码如代码 4-11 所示。

代码 4-11　运用数组过滤方法对一组数组中的偶数进行过滤的主要代码

```
<div id="app">
    <li v-for="n in even(numbers)" :key="number">{{n}}</li>
</div>
<script>
new Vue({
    el:'#app',
    data: {
        numbers: [ 1, 2, 3, 4, 5, 6, 7, 8, 9, 10 ],
    },
    methods: {
        even: function (numbers) {
            return numbers.filter(function (number) {
                return number % 2 === 0
        })}}
    })
</script>
```

【任务实施】

步骤 1　定义出货状态、市和下单时间段的订单数据列表

基于任务 3.1，创建 Vue 实例，并在 Vue 实例的 data()代码块中定义出货状态、市和下单时间段的订单数据列表，主要代码如代码 4-12 所示。

代码 4-12　在 data()代码块中定义订单数据列表的主要代码

```
<script>
    const app = new Vue({
        el: '#app',
        data() {
            return {
                ship_status: ['出货成功', '出货失败', '出货异常', '出货中', '取消出货', '未出货'],
                urban_area: ['东莞市', '佛山市', '广州市', '清远市', '韶关市', '深圳市', '中山市', '珠海市'],
                time_period: ['凌晨', '早晨', '上午', '中午', '下午', '傍晚', '晚上'],
                form: {}
            }
        }
    })
</script>
```

步骤 2　使用 v-for 指令渲染出货状态、市和下单时间段的订单数据列表

　　v-for 指令能够根据 Vue 实例中的数据列表，循环遍历数据，并渲染出相应的内容。基于步骤 1 使用 v-for 指令渲染出货状态、市和下单时间段的订单数据列表，主要代码如代码 4-13 所示。

代码 4-13　使用 v-for 指令渲染订单数据列表的主要代码

```
<div id="app">
    <el-form :model="form" :rules="rules" label-width="80px" size="mini" label-position="right">
    <!-- 添加设备编号、下单时间、订单编号、销售量、总金额（元）、支付状态的表单组件-->
        <el-form-item label="出货状态" prop="ship">
            <el-select v-model="form.ship" placeholder="请选择出货状态">
            <el-option v-for="ss in ship_status" :key="ss" :label="ss" :value="ss"></el-option>
            </el-select>
        </el-form-item>
    <!-- 添加退款金额（元）、购买用户的表单组件-->
        <el-form-item label="市" prop="address">
            <el-select v-model="form.address" placeholder="请选择对应的市区">
            <el-option v-for="ua in urban_area" :key="ua" :label="ua" :value="ua"></el-option>
            </el-select>
        </el-form-item>
    <!-- 添加商品名称、月份、小时的表单组件-->
        <el-form-item label="下单时间段" prop="period">
            <el-select v-model="form. period" placeholder="请选择对应的时间段">
            <el-option v-for="tp in time_period" :key="tp" :label="tp" :value="tp"></el-option>
            </el-select>
        </el-form-item>
    <!-- 添加购买用户（群集）、用户类型的表单组件-->
        </el-form>
</div>
```

　　提示：为了更清晰地展现使用 v-for 指令渲染订单数据列表的主要代码，在代码 4-13 中省略了在任务 3.2 中介绍过的代码。读者需细心严谨地对照任务 3.2 中的详细代码进行此任务代码的规范编写和扩充。

　　在 data()代码块中定义出货状态、市和下单时间段的订单数据列表，并使用 v-for 指令渲染订单数据列表的结果如图 4-14 所示。

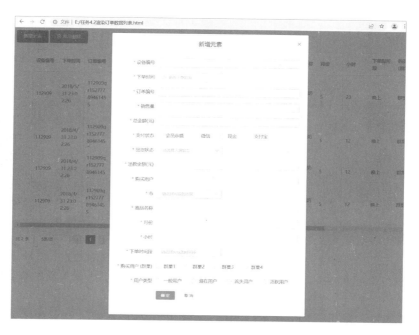

图 4-14　使用 v-for 指令渲染订单数据列表的结果

任务 4.3　统计商品总价

【任务描述】

随着信息时代的到来，线上购物越来越受到人们的欢迎，所以对新零售智能销售平台商品列表页面的商品数据进行统计很有必要。本任务采用计算属性的方式对新零售智能销售平台商品列表页面购物车中的商品总价进行统计，如图 4-15 所示。线上购物车能够记录用户所选商品，开发者可灵活修改商品的属性。读者可利用学过的数学知识，实现对商品数据信息的有效整理，使用户从更直观的角度了解商品信息，有效地提升购物体验。

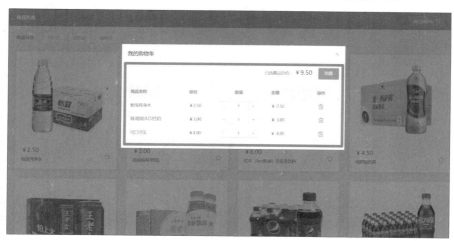

图 4-15　统计新零售智能销售平台商品列表页面购物车中的商品总价

【任务要求】

（1）创建表格并定义商品数据。
（2）定义计算属性统计商品总价。

【相关知识】

4.3.1　计算属性

统计商品总价
（计算属性）

当计算属性的依赖属性值发生变化时，该属性值会自动更新，与之相关的 DOM 也会同步更新，这里提到的依赖属性是 data 选项中定义的属性。计算属性通常被定义在 computed 选项中。computed 选项中的数据和 data 选项中的数据一样，也可以被渲染，但该数据是通过函数返回的。随着需求的变化，计算的表达式越来越复杂，代码越来越臃肿并难以维护，计算属性的作用是处理具有复杂逻辑的表达式数据，使内容简单明了。

运用计算属性，基于代码 4-3 实现图书总金额的五折计算，其结果如图 4-16 所示。购买数学书 2 本，英语书 3 本，总共需要 192 元，图书打完五折后，总共需要 96 元。

← → C ① 文件 | E:/实现图书总金额五折计算.html 🖻 ☆ 💄 :

购买数学书2本，英语书3本，总共需要96元

图 4-16　图书总金额的五折计算结果

运用计算属性实现图书总金额的五折计算的主要代码如代码 4-14 所示。

代码 4-14　实现图书总金额的五折计算的主要代码

```
<div id="app">
    <P>购买数学书 2 本，英语书 3 本，总共需要{{totalPrice}}元</P>
</div>
<script>
    var vm =new Vue({
        el:'#app',
        data:{
            sxNumber:'2',
            sxPrice:'45',
            yyNumber:'3',
            yyPrice:'34',
            discount:0.5,
        },
        computed:{
            totalPrice:function(){
            return (this.sxPrice*this.sxNumber+this.yyPrice*this.yyNumber)*this.discount;
            }}})
</script>
```

4.3.2　方法

在 methods 选项中定义的是页面或模板中需要调用的一些方法，方法会执行相应的业务逻辑。在 methods 选项中，开发者可以使用 this 属性直接访问 data 选项中的数据，其中 this 表示 Vue 实例对象。methods 的基本语法如下。

统计商品总价（方法、侦听属性、任务实施）

```
var vm = new Vue({
    methods:{
        // 在此定义方法，方法之间使用逗号分隔
        方法名:function(){}
    }
});
```

安全是一切活动的基础，是一切活动的前提，是不可超越的先决条件。学校可开展安全知识小问答，宣传并普及安全知识，引起学生重视，并提高学生的安全防范意识与自我保护意识。

定义方法实现安全知识小问答的设计，单击"公布答案"按钮显示正确答案，结果如图 4-17 所示。

定义方法实现安全知识小问答设计的主要代码如代码 4-15 所示。

图 4-17　定义方法实现安全知识小问答设计的结果

代码 4-15　定义方法实现安全知识小问答设计的主要代码

```
<div id="app">
    <h3>安全知识小问答</h3>
    <h5>我国交通事故报警求救电话号码是：</h5>
    <el-row>
        <el-col :span="5">
            <el-input  v-model="input" placeholder="请输入答案"></el-input>
        </el-col>
    </el-row>
    <br>
    <el-button @click="say('122')">公布答案</el-button>
    <br>
    <br>答案：{{msg}}
</div>
<script>
    // 创建一个 Vue 实例
    var app = new Vue({
        el: '#app',
        // 定义属性，初始值为空字符
        data: {
```

（续）

```
            input: '',

            msg: ''
        },
        // 定义一个 say()方法
        methods: {
            say(message) {
                this.msg = message
            }
        }
    })
</script>
```

在通常情况下，开发者可以使用方法来替代计算属性，在实现效果上两者是一样的，但计算属性是基于它依赖的缓存的，只有当计算属性依赖的相关数据发生改变时它才会重新求值，这就意味着只要其依赖的数据还没有发生变化，多次访问计算属性就都会返回之前的计算结果，不会再次执行函数。而使用方法在重新渲染时，函数总会被重新调用执行。

4.3.3　侦听属性

在 Vue 中，不仅可以使用计算属性来监听数据的变化，还可以使用 watch 侦听属性来监听某个数据的变化。不同的是，计算属性仅仅是对其依赖属性变化后的数据进行操作，而侦听属性更侧重于对监听中的某个数据发生变化时所执行的一系列功能逻辑操作。watch 的基本语法如下。

```
watch:{
    侦听属性:function(){
    //当侦听属性的取值发生变化时所执行的代码

    }

}
```

圆形在生活中随处可见，如轮胎、闹钟、纽扣等。为了有效增长学生的数学知识，体现数学来源于生活，激发学生的学习兴趣。首先在浏览器中创建一个圆形和进度条，结果如图 4-18 所示，然后使用侦听属性，实现当滑动进度条时，圆形的颜色随之发生变化的效果，如图 4-19 所示，从而让学生将数学知识与编程相融合，激发学生学习编程的浓厚兴趣，使其感受编程的魅力。

图 4-18　创建圆形和进度条的结果

图 4-19　当滑动进度条时圆形的颜色随之发生变化的效果

使用侦听属性实现当滑动进度条时圆形的颜色随之发生变化的主要代码如代码 4-16 所示。

代码 4-16　当滑动进度条时圆形的颜色随之发生变化的主要代码

```
<div id="app">
        <input type="range" min="0" max="50" v-model="t">
        <span>{{ t }}</span>
    <span id="color" :style="{backgroundColor:'rgb('+r+','+g+','+b+')'}"></span>
</div>
<script>
  new Vue({
    el:"#app",
    data: {
        t:0,
        r:0,
        g:255,
        b:255
    },
    // 使用 watch 来监听 t 是否发生了变化
    watch:{
      t:function(){
        this.r = this.t*5;
        this.g = this.b=255-this.r;
      }
    }
  })
</script>
```

watch 用于对 data 选项上的数据进行观察和响应，在一般情况下会使用计算属性替代 watch，原因是滥用 watch，可能会影响程序的性能。只有在数据需要执行异步变化或开销较大的操作时才使用 watch。侦听属性监听的是属性值，只要属性值发生变化，就会触发回调函数来执行一系列操作。然而，计算属性监听的是依赖值，在依赖值不变的情况下，计算属性值会被直接读取到缓存中进行复用。只有当依赖值发生变化时，计算属性值才会被重新计算。

【任务实施】

步骤 1 创建表格并定义商品数据

使用 table 组件创建表格，使用 table-column 组件为表格添加 5 列，分别为"商品名称""单价""数量""金额"和"操作"，并在 Vue 实例的 data()代码块中为表格添加商品数据。创建表格并定义商品数据的主要代码如代码 4-17 所示。

代码 4-17　创建表格并定义商品数据的主要代码

```
<div id="app">
    <el-table :data="tabledata" class="tableBox" stripe :header-cell-style="{background:'#f5f7fa'}">
        <el-table-column prop="name" label="商品名称" align="left"></el-table-column>
        <el-table-column prop="price" label="单价" width="80" align="left">
            <template slot-scope="scope">
                <span>￥</span><span>{{ scope.row.price.toFixed(2) }}</span>
            </template>
        </el-table-column>
        <el-table-column label="数量" align="center">
            <template slot-scope="scope">
                <el-input-number v-model="scope.row.number" size="mini" :min="1" :max="1000">
                </el-input-number>
            </template>
        </el-table-column>
        <el-table-column label="金额" align="left" width="120">
            <template slot-scope="scope">
                <span>￥</span> {{ (scope.row.price * scope.row.number).toFixed(2) }}
            </template>
        </el-table-column>
        <el-table-column label="操作" align="center" width="120">
            <template slot-scope="scope">
                <el-button type="text" size="small">
                    <i class="el-icon-delete deleteRow"></i>
                </el-button>
            </template>
        </el-table-column>
    </el-table>
</div id>
<script>
    const app = new Vue({
        el: '#app',
        data: function () {
            return {
                tabledata: [
```

（续）

```
        {name: "怡宝纯净水",
         price: 2.5,
         number: 1,
         money: 2.5,
        },{
         name: "娃哈哈 AD 钙奶",
         price: 3,
         money: 3,
         number: 1,
        },{
         name: "可口可乐",
         price: 4,
         number: 1,
         money: 4,
        }],
        total: 0
        }
    }
})
</script>
```

创建表格并定义商品数据的结果如图 4-20 所示。

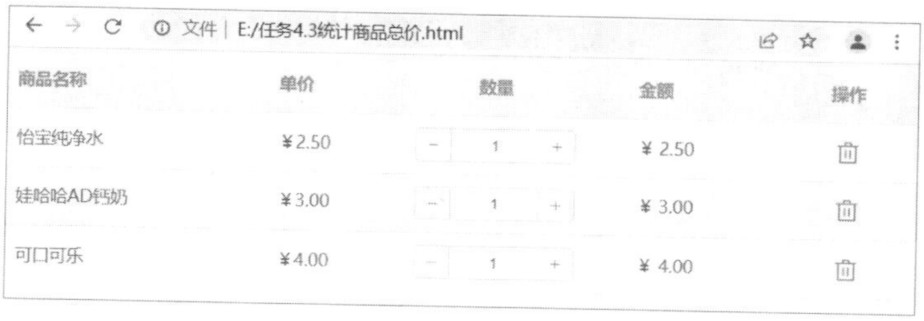

图 4-20　创建表格并定义商品数据的结果

步骤 2　定义计算属性统计商品总价

　　用户可以在线上购物车中随意添加、删除或修改商品数量，通过定义计算属性统计商品总价，可以方便用户选好商品后一次性付款结账。在 Vue 实例中定义计算属性统计商品总价的主要代码如代码 4-18 所示。

代码 4-18　在 Vue 实例中定义计算属性统计商品总价的主要代码

```
<div id="app">
    <el-form ref="tabledata" class="gouwuche_body" :model="{ tabledata }" label-width="70px">
        <el-form-item class="fromItem">
            已选商品总价：<span class="spzj">￥{{ total.toFixed(2)}}
            </span>    
```

（续）

```
                <el-button type="danger">结算</el-button>
            </el-form-item>
        </el-form>
<!--创建表格代码的放置区 -->
<script>
    const app = new Vue({
        el: '#app',
    <!--定义商品数据代码的放置区 -->
        watch: {
            tabledata: {
                handler: function (newValue, oldValue) {
                    this.totalPrice();
                },
                deep: true,
                immediate: true
            }},
        computed: {
            totalPrice() {
                let total = 0;
                this.tabledata.forEach(p => {
                    total += p.price * p.number;
                })
                this.total = total;
            }}
    })
</script>
```

> 提示：在代码 4-18 中省略了步骤 1 中创建表格和定义商品数据的代码，省略代码的放置区已在代码 4-18 中有所体现。读者需根据提示耐心对照步骤 1 中的代码，编写完整代码。

定义计算属性统计商品总价的结果如图 4-21 所示。

图 4-21　定义计算属性统计商品总价的结果

任务 4.4　动态显示当前日期和时间

【任务描述】

通过新零售智能销售数据管理与可视化平台展示实时更新的日期和时间，便于用户分析可视化图表。基于任务 4.1，将当前日期和时间使用 mounted 钩子函数进行挂载，循环执行计时器以便动态显示当前日期和时间，并在实例被销毁时调用 beforeDestroy 钩子函数清除计时器，如图 4-22 所示。mounted 钩子函数可以提供时间的动态显示功能，使得时间更具可观性，促使学生更好地掌握时间。

图 4-22　新零售智能销售数据管理与可视化平台首页动态显示当前日期和时间

【任务要求】

（1）使用 mounted 钩子函数挂载当前日期和时间。

（2）使用 beforeDestroy 钩子函数在实例被销毁时清除计时器。

【相关知识】

4.4.1　钩子函数

每个 Vue 实例在创建时都要经过一系列的初始化过程，如设置数据监听、编译模板、将实例挂载到 DOM 中并在数据发生变化时更新 DOM 等。Vue 实例从创建到销毁的过程被称为生命周期。

动态显示当前
日期时间
（钩子函数）

Vue 生命周期可以分为 8 个阶段，分别为 beforeCreate（创建前）、created（创建后）、beforeMount（挂载前）、mounted（挂载后）、beforeUpdate（更新前）、updated（更新后）、beforeDestroy（销毁前）、destroyed（销毁后），Vue 官方将 Vue 实例从创建到销毁过程中自动执行的函数称为钩子函数。其中，各个钩子函数在生命周期过程中的作用如表 4-3 所示，开发者可以利用这些钩子函数在合适的时机执行业务逻辑，以满足功能需求。

表4-3　各个钩子函数在生命周期过程中的作用

钩子函数名称	作　　　用
beforeCreate	在实例被初始化之后，进行数据监听、事件或监听器的配置之前被同步调用，可以初始化事件
created	在实例创建完成之后被立即同步调用，可以将 data 选项中所有的属性和 methods 选项中所有的方法都添加到 Vue 实例上
beforeMount	在实例挂载开始之前被调用，可以对渲染之前 data 选项中的数据进行最后的修改
mounted	在实例挂载完成之后被调用，可以访问到真实的 DOM 结构
beforeUpdate	在数据发生改变之后，DOM 被更新之前调用，可以访问到最新的 DOM 结构（数据被更新之后最新的 DOM 结构）和数据
updated	在数据更改导致的虚拟 DOM 重新渲染和更新完成之后被调用，可以执行依赖于 DOM 的操作
beforeDestroy	在卸载组件实例之前被调用，可以移除绑定的事件
destroyed	在卸载组件实例之后被调用，可以断开数据和模板之间的联系

在使用钩子函数时，主要有以下两种语法。

```
函数:function{}
函数(){}
```

4.4.2　实例创建

每个 Vue 应用都是从构造函数 Vue()创建新的 Vue 实例开始的，每个 new Vue()都是 Vue 构造函数实例。创建实例的语法如下。

动态显示当前日期时间（实例创建、数据更新、实例销毁和任务实施）

```
var vm =new Vue({
//选项对象
})
```

其中，Vue 实例可以赋值给变量 vm。当创建 Vue 实例时，需要传入选项对象，选项对象包括挂载元素（el）、数据（data）、方法（methods）、模板（tamplate）、钩子函数等，其中，el 用于指定一个页面中已经存在的 DOM 元素来挂载 Vue 实例。

水资源是地球生物赖以存在的物质基础，是维系地球生态环境可持续发展的首要条件，因此，保护水资源是人类伟大而又神圣的天职。宣传保护水资源，有利于增强学生节约水资源和保护环境的意识。逐步规范学生行为，将保护环境、改善生态、合理利用与节约水资源的意识和行动渗透到日常生活中。本节通过使用实例创建过程的钩子函数实现"节约用水就是珍惜生命"水资源宣传语的输出。

1．beforeCreate 钩子函数

Vue 生命周期的第一个阶段是 beforeCreate（创建前），该阶段将自动调用 beforeCreate 钩子函数。需要注意的是，在执行 beforeCreate 钩子函数的过程中，data 选项和 methods 选项中的数据均未被初始化。

在 Vue 实例中定义 beforeCreate 钩子函数,当检查页面元素时,可以发现在 beforeCreate 钩子函数执行后，text 数据和 show()方法都未被初始化，如图 4-23 所示。

图 4-23　beforeCreate 钩子函数页面渲染和控制台输出结果

在 Vue 实例中定义 beforeCreate 钩子函数的主要代码如代码 4-19 所示。

代码 4-19　在 Vue 实例中定义 beforeCreate 钩子函数的主要代码

```html
<div id="app">
    <h3 id="h3">{{ text }}</h3>
</div>
<script>
    var vm = new Vue({
        el: '#app',
        data: {
            text: '节约用水就是珍惜生命'
        },
        methods: {
            show() {
                console.log('执行了 show()方法')
            }
        },
        beforeCreate(){
            console.group('beforeCreate 实例创建之前的状态===============》 ');
            console.log("beforeCreate 期间 text 的值: "+this.text)
            console.group('show()方法在 beforeCreate 期间的状态：');
            this.show()
        }
    }
</script>
```

2. created 钩子函数

在调用 created 钩子函数之前，Vue 会进行数据的检测和监听配置，实现对 data 选项中属性的监听。当调用 created 钩子函数时，Vue 实例所有的状态都完成了初始化，且数据已经和 data 选项进行了绑定，当 data 选项中的属性值发生改变时，页面视图也随之变换。

与此同时，用户可以在执行 created 钩子函数阶段发送异步请求，以获取数据，但此时挂载阶段还没有开始，即$el 属性目前不可见，无法获取到其对应的选项及 DOM 元素。当实例创建完成后调用 created 钩子函数时，可以调用 methods 选项中的方法或操作 data 选项中的数据。

在 Vue 实例中定义 created 钩子函数，当检查页面元素时，可以发现在 created 钩子函数执行后，text 数据和 show()方法都已完成初始化，如图 4-24 所示。

图 4-24　created 钩子函数页面渲染和控制台输出结果

在 Vue 实例中定义 created 钩子函数的主要代码如代码 4-20 所示。

代码 4-20　在 Vue 实例中定义 created 钩子函数的主要代码

```
<div id="app">
    <h3 id="h3">{{ text }}</h3>
</div>
<script>
    var vm = new Vue({
        el: '#app',
        data: {
            text: '节约用水就是珍惜生命'
        },
        methods: {
            show() {
                console.log('执行了 show()方法')
            }
        },
        created() {
        console.log('created  实例创建之后的状态===============》');
        console.log("created 期间 text 的值：" +this.text)
        console.group('show()方法在 created 期间的状态：');
        this.show()
        }
}
</script>
```

3. beforeMount 钩子函数

在调用 beforeMount 钩子函数之前，生命周期经历了模板编译过程。当 Vue 编译模板时，Vue 代码中的指令会被执行，在内存中生成一个编译好的模板字符串，并且该模板字符串被渲染为内存中的 DOM。在实例挂载开始之前调用 beforeMount 钩子函数，此时，Vue 只是在内存中渲染了模板，并没有把模板挂载到真正的页面中。

在 Vue 实例中定义 beforeMount 钩子函数，当检查页面元素时，可以发现在 beforeMount 钩子函数执行后，页面中的元素没有被真正替换过来，还是之前写的一些模板字符串，如图 4-25 所示。

图 4-25　beforeMount 钩子函数页面渲染和控制台输出结果

在 Vue 实例中定义 beforeMount 钩子函数的主要代码如代码 4-21 所示。

代码 4-21　在 Vue 实例中定义 beforeMount 钩子函数的主要代码

```
<div id="app">
    <h3 id="h3">{{ text }}</h3>
</div>
<script>
    var vm = new Vue({
        el: '#app',
        data: {
            text: '节约用水就是珍惜生命'
        },
        methods: {
            show() {
                console.log('执行了 show()方法')
            }
        },
        beforeMount() {
            console.group('beforeMount  实例挂载之前的状态===============》');
            console.log("beforeMount 期间"+document.getElementById('h3').innerText)
        }
    })
</script>
```

●4. mounted 钩子函数

在 mounted 钩子函数被调用之前，Vue 会创建一个新的 vm.$el 替换原始的 el，这一步会将内存中已编译好的模板真正挂载到浏览器的页面中。mounted 钩子函数在实例挂载完成之后被调用，此时，el 已经被新创建的 vm.$el 替换，挂载已经完成，且页面 DOM 对象已经被渲染完成，程序可以对 DOM 对象进行访问。当执行完 mounted 钩子函数时，实例已经被完全创建好，如果此时没有进行其他操作，那么实例将一直存在内存中。

在 Vue 实例中定义 mounted 钩子函数，当检查页面元素时，可以发现在 mounted 钩子函数执行后，内存中的模板已经被真正挂载到页面中，用户可以看到渲染好的页面，如图 4-26 所示。

图 4-26　mounted 钩子函数页面渲染和控制台输出结果

在 Vue 实例中定义 mounted 钩子函数的主要代码如代码 4-22 所示。

代码 4-22　在 Vue 实例中定义 mounted 钩子函数的主要代码

```
<div id="app">
    <h3 id="h3">{{ text }}</h3>
</div>
<script>
    var vm = new Vue({
        el: '#app',
        data: {
            text: '节约用水就是珍惜生命'
        },
        methods: {
            show() {
                console.log('执行了 show()方法')
            }
        },
        mounted() {
            console.group('mounted  实例挂载之后的状态===============》');
            console.log("mounted 期间:"+document.getElementById('h3').innerText)
        }
    })
</script>
```

4.4.3　数据更新

当实例挂载完成之后，用户可能需要对数据进行修改，即数据更新。数据更新是以新数据项和新记录替换数据文件或数据库中与之相对应的旧数据项和旧记录的过程。当 Vue 实例发现 data 选项中的数据发生变化时，将会触发与之相对应的组件重新进行渲染，并先后调用 beforeUpdate 钩子函数和 updated 钩子函数。

基于代码 4-19，分别定义 beforeUpdate 钩子函数和 updated 钩子函数，实现当单击"点击改变"按钮时，data 选项中的数据"节约用水就是珍惜生命"更新为"保护青山绿水、营造美好家园"的效果。

➡1. beforeUpdate 钩子函数

beforeUpdate 钩子函数在数据发生变化后被调用，此时 DOM 结构尚未完成更新。当执行 beforeUpdate 钩子函数时，因为 DOM 结构还未完成更新，所以 DOM 中显示的数据不是最新的数据。虽然 DOM 上的元素内容没有与最新的数据保持同步，但是页面视图上 data 选项中的 text 数据已更新完成。

在 Vue 实例中定义 beforeUpdate 钩子函数。打开浏览器检查网页元素，可以发现在单击"点击改变"按钮前，DOM 上的元素内容和页面视图上 data 选项中的 text 数据均为"节约用水就是珍惜生命"，如图 4-27 所示。

图 4-27　单击"点击改变"按钮前的页面渲染和控制台输出结果

当单击"点击改变"按钮时，执行 beforeUpdate 钩子函数。在检查页面元素后，可以发现 DOM 上的元素内容为"节约用水就是珍惜生命"，但页面视图上 data 选项中的 text 数据为最新的"保护青山绿水、营造美好家园"，如图 4-28 所示。

图 4-28　beforeUpdate 钩子函数页面渲染和控制台输出结果

在 Vue 实例中定义 beforeUpdate 钩子函数的主要代码如代码 4-23 所示。

代码 4-23　在 Vue 实例中定义 beforeUpdate 钩子函数的主要代码

```
<div id="app">
    <h3 id="h3">{{ text }}</h3>
    <input type="button" value="点击改变" @click="change">
</div>
<script>
    var vm = new Vue({
      el: '#app',
      data: {
        text: '节约用水就是珍惜生命'
      },
      methods: {
        show() {
          console.log('执行了 show()方法')
        },
        change(){
          this.text='保护青山绿水、营造美好家园'
        }
      },
      mounted() {
        console.log('mounted 期间 DOM 上元素的内容：' + document.getElementById('h3').innerText)
        console.log('mounted 期间页面视图上 data 选项中的 text 数据是：' + this.text)
      },
```

（续）

```
    beforeUpdate() {
        console.group('beforeUpdate 在数据发生改变之后，DOM 被更新之前的状态══════════》');
        console.log('beforeUpdate 期间 DOM 上元素的内容: ' + document.getElementById('h3').innerText)
        console.log('beforeUpdate 期间页面视图上 data 选项中的 text 数据是: ' + this.text)
    }
</script>
```

在代码 4-23 中，定义了 mounted 钩子函数显示实例挂载完成后 DOM 上元素的内容和页面视图上 data 选项中的 text 数据，以便读者查看实例更新前的信息。

2. updated 钩子函数

当 updated 钩子函数被调用时，完成组件 DOM 的更新，并执行依赖于 DOM 的操作。需要注意的是，当内存中的虚拟 DOM 被更新并被重新渲染到页面视图之后，updated 钩子函数才会被执行，此时页面视图所绑定的数据与 DOM 元素上的内容是一样的。

在 Vue 实例中定义 updated 钩子函数，当检查页面元素并单击"点击改变"按钮时，可以发现在执行 updated 钩子函数后，页面视图上 data 选项中的 text 数据和 DOM 元素上的内容已经保持同步，都是最新的，如图 4-29 所示。

图 4-29　updated 钩子函数页面渲染和控制台输出结果

在 Vue 实例中定义 updated 钩子函数的主要代码如代码 4-24 所示。

代码 4-24　在 Vue 实例中定义 updated 钩子函数的主要代码

```
<div id="app">
    <h3 id="h3">{{ text }}</h3>
    <input type="button" value="点击改变" @click="change">
</div>
<script>
    var vm = new Vue({
        el: '#app',
        data: {
            text: '节约用水就是珍惜生命'
        },
        methods: {
            show() {
                console.log('执行了 show()方法')
            },
            change(){
```

（续）

```
            this.text='保护青山绿水、营造美好家园'
        }
    },
    updated() {
        console.group('updated 数据更新后，且 DOM 更新完成之后的状态===============》');
        console.log('updated 期间 DOM 上元素的内容：' + document.getElementById('h3').innerText)
        console.log('updated 期间页面视图上 data 选项中的 text 数据是：' + this.text)
    }})
</script>
```

4.4.4　实例销毁

当执行 beforeDestroy 钩子函数后，Vue 实例从运行阶段转到销毁阶段，此时实例上的 data、methods 和指令等都还处于可用状态。当解除绑定、销毁子组件和事件监听器，执行 destroyed 钩子函数后，Vue 实例会被销毁，此时实例上的 data、methods 和指令等都处于不可用状态。

在 Vue 实例中分别定义 beforeDestroy 钩子函数和 destroyed 钩子函数。打开浏览器，在单击"点击销毁"按钮后，执行 beforeDestroy 钩子函数和 destroyed 钩子函数，Vue 实例被销毁，实例销毁的页面渲染和控制台输出结果如图 4-30 所示。当再次单击"点击改变"按钮时，页面无反应。

图 4-30　实例销毁的页面渲染和控制台输出结果

在 Vue 实例中分别定义 beforeDestroy 钩子函数和 destroyed 钩子函数的主要代码如代码 4-25 所示。

代码 4-25　在 Vue 实例中分别定义 beforeDestroy 钩子函数和 destroyed 钩子函数的主要代码

```
<div id="app">
    <h3 id="h3">{{ text }}</h3>
    <input type="button" value="点击销毁" @click="destroy">
    <input type="button" value="点击改变" @click="change">
</div>
<script>
    var vm = new Vue({
        el: '#app',
        data: {
            text: '节约用水就是珍惜生命'
        },
```

（续）

```
methods: {
    change(){
        this.text='保护青山绿水、营造美好家园'
        },
    destroy(){
        vm.$destroy()
        }
    },
    // 实例被销毁时触发
    beforeDestroy(){
        console.group('beforeDestroy 实例卸载之后，DOM 完全销毁之前的状态===============》');
    },
    // 对 data 的改变不会再次触发生命周期函数，虽然 Vue 实例解除了事件监听和 DOM 的绑定（无响应），
    // 但是 DOM 节点依旧存在
    destroyed(){
        console.group('destroyed 实例卸载之后，且 DOM 完全销毁之后的状态===============》');
    }
})
</script>
```

【任务实施】

步骤 1 使用 mounted 钩子函数挂载当前日期和时间

基于任务 4.1 已经获取的当前日期和时间，使用 mounted 钩子函数进行挂载，可以动态显示当前日期和时间。使用 mounted 钩子函数挂载当前日期和时间的主要代码如代码 4-26 所示。

代码 4-26 使用 mounted 钩子函数挂载当前日期和时间的主要代码

```
mounted () {
    let that = this
    //设置时间间隔
    // setInterval 为间歇调用计时器，用于间隔指定的毫秒数不停地执行（一直执行）指定的代码
    this.timer = setInterval(function () {
    // 获取当前日期
        that.newDate = new Date().toLocaleString()
    })}
```

使用 mounted 钩子函数挂载当前日期和时间的结果如图 4-31 所示。由于日期和时间是实时更新的，因此每次运行程序显示的日期和时间都不一样。

图 4-31 使用 mounted 钩子函数挂载当前日期和时间的结果

> **步骤 2　使用 beforeDestroy 钩子函数在实例被销毁时清除计时器**

当挂载日期和时间时，计时器会按照一定的间隔不断地执行指定的代码，如果在实例被销毁时不加以清除，计时器就会一直执行下去，进而使浏览器消耗更多系统性能。因此，当实例被销毁时，调用 beforeDestroy 钩子函数清除计时器是很有必要的。

使用 beforeDestroy 钩子函数在实例被销毁时清除计时器的主要代码如代码 4-27 所示。

代码 4-27　使用 beforeDestroy 钩子函数在实例被销毁时清除计时器的主要代码

```
beforeDestroy: function(){
  if (this.timer){
    clearInterval(this.timer)
  }
}
```

模块小结

Vue 的数据绑定是其重要特性之一，双向数据绑定就是当数据发生变化时，相对应的视图会进行更新。当视图被更新时，数据也会跟着发生变化。本模块首先从 Vue 插值的基本内容出发，介绍了插值的 3 种方式；再通过介绍条件渲染和列表渲染的实际应用，让读者掌握渲染机制的应用方法；接着介绍了计算属性、方法和侦听属性的基本内容，以及计算属性与方法和侦听属性的区别；最后介绍了生命周期的 8 个阶段和钩子函数的基本内容。

通过本模块的学习，读者可以熟练掌握数据绑定的相关知识，从而为解决实际问题奠定良好的基础。同时本模块的相关内容可以引导学生勤学好问，激发学生的学习激情。

课后作业

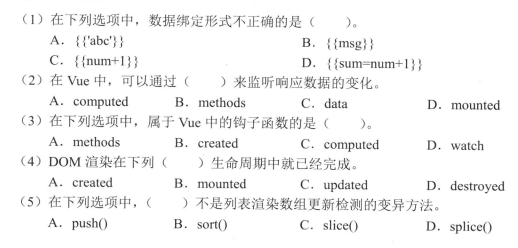

1. 选择题

（1）在下列选项中，数据绑定形式不正确的是（　　）。

    A．{{'abc'}}　　　　　　　　　　　　　B．{{msg}}

    C．{{num+1}}　　　　　　　　　　　　D．{{sum=num+1}}

（2）在 Vue 中，可以通过（　　）来监听响应数据的变化。

    A．computed　　　B．methods　　　C．data　　　D．mounted

（3）在下列选项中，属于 Vue 中的钩子函数的是（　　）。

    A．methods　　　B．created　　　C．computed　　　D．watch

（4）DOM 渲染在下列（　　）生命周期中就已经完成。

    A．created　　　B．mounted　　　C．updated　　　D．destroyed

（5）在下列选项中，（　　）不是列表渲染数组更新检测的变异方法。

    A．push()　　　B．sort()　　　C．slice()　　　D．splice()

➡ 2. 操作题

（1）"倒计时"是为确定目标时间，做到心中有数，向目标迈进的一种计时方法，这种方法能够让人们具有强烈的时间感、紧迫感、责任感。在体育教学中，跳绳、俯卧撑等运动经常采用"倒计时"方法，这对于培养学生的时间观念，提高做事效率，养成良好习惯具有重要的作用，同时可以提高学生的学习积极性，使教师的组织教学更有实效。

根据所学的知识开发一个简易的倒计时器，以帮助教师更好地开展教学工作，从而提高学生的积极性，具体操作步骤如下。

①在 Visual Studio Code 编辑器中创建一个".html"文件，命名为"倒计时器实现.html"。

②引入 element-ui 库文件和 vue.js 库文件。

③创建一个 Vue 实例并定义 data 选项，在 data 选项中设置倒计时器的初始值为空。

④在 Vue 实例中添加一个方法，获取倒计时器的时间格式。

⑤使用文本插值方式显示当前倒计时器的时间。

（2）随着社会经济和科学技术的发展，电子行业抓住了发展的契机，获得了前所未有的发展机会，成为推动国民经济发展的重要动力。与此同时，电子产品逐渐成为人们日常生活中不可或缺的一部分，对人们的生活产生了深远的影响。

根据所学的知识创建电子产品订单表，帮助人们更好地了解电子产品，具体操作步骤如下。

①在 Visual Studio Code 编辑器中创建一个".html"文件，命名为"电子产品订单表实现.html"

②引入 element-ui 库文件和 vue.js 库文件。

③创建一张表格并设置表格样式。

④创建 Vue 实例并定义一个数组以存放电子产品信息。

⑤创建两个按钮分别用于删除和添加电子产品信息。

⑥创建一个方法用于计算所选电子产品的总金额。

模块 5 开发新零售智能销售平台的人机交互功能——Vue 事件的应用

在日常生活中，按下钢琴的琴键，钢琴会发出声音。当按下不同的琴键时，钢琴会发出不同的声音。这是因为钢琴中不同的琴键对应不同的音调。当人们希望听到音乐中的某个音调时，就需要按下对应的琴键。

对应的音调需要找到对应的琴键，学生在学习过程中也需要找到适合自己的方法，只有找到适合自己的方法，学习效果才能事半功倍。不同的程序就像不同的学生，如果希望程序的运行效率得以提升，就需要找到对应的方法去改变对应的内容。在程序运行过程中，事件就像钢琴中的琴键一样。如果要找到对应的方法去改变对应的内容，就需要使用事件来实现。

本模块主要介绍如何实现 Vue 事件中的事件，以及事件修饰符和按键修饰符的基本内容。

【教学目标】

1. 知识目标

（1）了解 Vue 事件中事件的基本概念。
（2）了解 Vue 事件中事件的作用。
（3）掌握 Vue 事件中事件的基本用法。
（4）了解事件修饰符和按键修饰符的作用。
（5）掌握事件修饰符和按键修饰符的基本用法。

2. 技能目标

（1）能够使用监听事件监听按钮单击事件。
（2）能够使用事件处理方法为按钮添加方法事件。
（3）能够使用内联事件为按钮添加传递参数的方法事件。
（4）能够使用事件修饰符为事件添加通用限制。
（5）能够使用按键修饰符监听键盘事件。

3. 素养目标

（1）引导学生积极进行体育锻炼，强身健体，提高身心健康水平。
（2）培养学生孝顺父母的意识，将中华民族传统美德发扬光大。
（3）培养学生善于总结思考、举一反三的能力。

（4）引导学生积极推广中国诗词，传承中华民族传统文化。

（5）增强学生保护海洋生态、爱护环境的意识。

任务 5.1　添加改变购买数量的按钮

【任务描述】

如今，线上购物成了人们购买生活用品的常用方式。因此，建立一个新零售智能销售平台商品列表页面供用户选择和了解商品很有必要。在新零售智能销售平台商品列表页面显示的"商品详情"对话框中添加"购买数量"栏，通过 Vue 事件的监听事件，单击按钮改变购物车中的购买数量，如图 5-1 所示。当单击"+"或"-"按钮时，购买数量会相应地增加或减少。通过"购买数量"栏，可以提醒人们在购买同一种商品时，应注意其购买数量，从而树立正确的消费观，量入为出，适度消费。

图 5-1　添加改变购买数量的按钮

【任务要求】

（1）创建两个按钮和一个输入框。

（2）分别为"减少数量"和"增加数量"按钮添加监听事件。

【相关知识】

添加改变购物
数量的按钮

5.1.1　基本概念

事件是可以响应用户操作的机制，当事件被触发时，通过调用方法或过程去实现用户操作。在 Vue 事件中，需要使用 v-on 指令监听 DOM 事件。DOM 事件，就是浏览器或用户针对页面可以做出的某种动作，是用户和页面交互的核心。

在 HTML 中使用监听事件是因为所有的 Vue 事件处理方法和表达式都严格绑定在当前视图的 ViewModel 上，不会有任何维护上的困难。ViewModel 是 Vue 的一个实例，负责

DOM 监听与数据绑定。

使用 v-on 指令监听事件的 3 个好处如下。

（1）在 HTML 模板中能迅速定位在 JavaScript 代码中对应的方法。

（2）因为无须在 JavaScript 中手动绑定事件，所以 ViewModel 代码可以是纯粹的逻辑代码，更易于测试。

（3）当一个 ViewModel 被销毁时，所有的时间处理器都会被自动删除。

5.1.2　实现监听事件

随着科技的发展，电子报纸渐渐流行，人们只需进入各大报社官方网站就可以获取当日的新闻，了解国家时事政策、民生大事等。与此同时，学生在日常生活中也需要经常了解时事新闻，进而提高自身的思想道德水平和政治素养。

为了统计各大报社官方网站当日的浏览量，为页面中的"点击进入"按钮添加一个单击该按钮后增加网站浏览次数的监听事件。

按钮未被单击的结果如图 5-2 所示。

单击"点击进入"按钮后的结果如图 5-3 所示。

图 5-2　按钮未被单击的结果　　　　图 5-3　单击"点击进入"按钮后的结果

实现如图 5-2 所示结果的主要代码如代码 5-1 所示。

代码 5-1　实现如图 5-2 所示结果的主要代码

```
<div id="app">
    <!--添加一个基于 Element UI 的按钮，并为按钮添加一个监听事件-->
    <el-button @click="count++">点击进入</el-button>
    <!--为记录按钮被单击次数的文本定义一个段落-->
    <p>已浏览 {{ count }} 次。</p>
</div>
<script>
    // 创建一个 Vue 实例
    new Vue({
        el: '#app',
        data: {
            // 定义一个 count 属性，设置初始值为 0
            count: 0
        }
    })
</script>
```

由代码 5-1 可知，在 Vue 实例中添加了一个 count 属性（初始值为 0）用于统计按钮被单击的次数。<el-button @click="count++">点击进入</el-button>用于添加一个"点击进入"按钮，@click="count++"为按钮添加了一个监听单击的事件，单击"点击进入"按钮，count 属性值加 1。

【任务实施】

步骤 1   创建两个按钮和一个输入框

创建两个按钮（减少数量和增加数量）和一个输入框的主要代码如代码 5-2 所示。

添加改变购物欲
数量的按钮
（任务实施）

代码 5-2   创建两个按钮和一个输入框的主要代码

```
<el-col :span="1">
    <el-button>-</el-button>
</el-col>
<el-col :span="2">
    <el-input type="text" placeholder=""></el-input>
</el-col>
<el-col :span="1">
    <el-button>+</el-button>
</el-col>
```

在浏览器中运行代码 5-2 的完整代码，结果如图 5-4 所示。

图 5-4   创建两个按钮和一个输入框的结果

步骤 2   分别为"减少数量"和"增加数量"按钮添加监听事件

在 Vue 实例中定义一个 number 属性（初始值为 0）来统计购买数量。为"减少数量"按钮添加按钮被单击、购买数量减 1 的监听事件；为"增加数量"按钮添加按钮被单击、购买数量加 1 的监听事件。为两个按钮分别添加监听事件的主要代码如代码 5-3 所示。

代码 5-3   为两个按钮分别添加监听事件的主要代码

```
<div id="app">
    <el-row :gutter="10">
        <el-col :span="2">
            <p>购买数量: </p>
        </el-col>
        <el-col :span="1">
            <el-button @click="number--">-</el-button>
```

（续）

```
        </el-col>
        <el-col :span="2">
            <el-input type="text" placeholder="" v-model="number"></el-input>
        </el-col>
        <el-col :span="1">
            <el-button @click="number++">+</el-button>
        </el-col>
    </el-row>
</div>
<script>
    // 创建一个 Vue 实例
    var app = new Vue({
        el: '#app',
        data: {
            // 定义一个 number 属性，设置初始值为 0
            number: "0"
        }
    })
</script>
```

在浏览器中运行代码 5-3 的完整代码，结果如图 5-5 所示。

图 5-5   未改变购买数量的结果

单击"+"按钮后的结果如图 5-6 所示。

图 5-6   单击"+"按钮后的结果

任务 5.2　实现数据的添加

实现数据的添加

【任务描述】

随着信息时代的到来，新零售智能销售产业的数据越来越多。因此，通过建立一个新零售智能销售数据管理与可视化平台来管理数据很有必要。通过 Vue 事件的事件处理方法，基于任务 4.2，在新零售智能销售数据管理与可视化平台的订单数据管理页面中实现订单数据表格数据的添加，如图 5-7 所示。当单击"新增元素"按钮时，即可完成订单数据表格数据的添加。

图 5-7　为订单数据表格添加数据

【任务要求】

单击"新增元素"按钮实现数据的添加。

【相关知识】

在实际的项目开发中，许多事件处理的逻辑十分复杂，直接把 JavaScript 代码写在 v-on 指令上是不可行的。因此，在 Vue 中，v-on 指令还可以接收一个定义的方法来完成复杂的逻辑过程。v-on 指令接收定义的方法完成复杂的逻辑过程被称为事件处理方法。

在通常情况下，监听事件用于处理简单的数值计算，如对属性进行加一或减一。事件处理方法则用于处理逻辑较为复杂的事件，如为表格增加数据、弹出页面提示等。

在学习过程中，学生要学会对所学的知识进行拓展，举一反三，这样才能使学习效果事半功倍。为了提高学生动脑思考、思维拓展的能力，基于任务 5.1 相关知识中的示例进行拓展，利用事件处理方法实现如图 5-2 所示的结果。

使用事件处理方法实现如图 5-2 所示结果的主要代码如代码 5-4 所示。

代码 5-4　使用事件处理方法实现如图 5-2 所示结果的主要代码

```
<div id="app">
    <!--添加一个基于 Element UI 的按钮，并为按钮添加一个事件处理方法-->
    <el-button @click="counter">点击进入</el-button>
    <!--为记录按钮被单击次数的文本定义一个段落-->
    <p>已浏览 {{ count }} 次。</p>
</div>
```

（续）

```
<script>
    // 创建一个 Vue 实例
    new Vue({
        el: '#app',
        data: {
            // 定义一个 count 属性，设置初始值为 0
            count: 0
        },
        // 为 Vue 实例添加一个 counter()方法
        methods: {
            counter() {
                // this 用于返回 Vue 实例中定义的属性
                this.count++
            }
        }
    })
</script>
```

由代码 5-4 可知，在 Vue 实例中首先添加了一个 count 属性（初始值为 0）用于统计按钮被单击的次数，然后添加了一个 counter()方法，this.count++表示返回 count 属性并为 count 属性值加 1。@click="counter"为"点击进入"按钮添加了一个事件处理方法，单击此按钮，程序会调用 Vue 实例中的 counter()方法。

【任务实施】

步骤　单击"新增元素"按钮实现数据的添加

为"新增元素"按钮添加一个事件处理方法。在 Vue 实例中添加 add()方法，在 add()方法中添加一个可以返回表单中选择和输入各项字段数据的语句。同时添加 submitUser()方法，获取表单新增数据并添加到数据列表中。单击"新增元素"按钮添加数据的主要代码如代码 5-5 所示。

代码 5-5　单击"新增元素"按钮添加数据的主要代码

```
<div id="app">
    <el-button type="primary" icon="el-icon-circle-plus-outline" @click="add">新增元素</el-button>
    <!--数据展示放置区-->
    <!--对话框表单放置区-->
</div>
<script>
    // 日期和时间类型转换
    const reformat = (time) => {
```

```
        let dates = new Date(time)
        let Y = dates.getFullYear() + '/'
        let M = (dates.getMonth() + 1 < 10 ? '0' + (dates.getMonth() + 1) : dates.getMonth() + 1) + '/'
        let D = dates.getDate() < 10 ? '0' + dates.getDate() + ' ' : dates.getDate() + ' '
        let H = dates.getHours() < 10 ? '0' + dates.getHours() + ':' : dates.getHours()
        let MS = dates.getMinutes() < 10 ? '0' + dates.getMinutes() + ':' : dates.getMinutes()
        let S = dates.getSeconds() < 10 ? '0' + dates.getSeconds() : dates.getSeconds()
        const currentDate = Y + M + D + H + MS + S
        return currentDate
}
var app = new Vue({
    el: '#app',
    data() {
        return {
            iconFormVisible: false,
            rowIndex: null,
            // ship_status 放置区
            // urban_area 放置区
            // time_period 放置区
            // tableData 放置区
            currentPage: 1,
            pagesize: 20,
            // form 放置区
            }
    },
    methods: {
        add() {
            this.form = {};
            this.iconFormVisible = true;
        },
        /*对话框是否关闭*/
        /*提交修改*/
        submitUser() {
            if (this.dialogTitle === 'add') {
                this.form.time = reformat(this.form.time);    // 日期和时间类型转换
                this.tableData.splice(this.rowIndex, 1, this.form);
                this.iconFormVisible = false;
                return;
            }
            this.form.time = reformat(this.form.time);    // 日期和时间类型转换
```

(续)

```
                this.tableData.splice(0, 0, this.form);
                this.iconFormVisible = false;
            }
        }
    })
</script>
```

提示：在代码 5-5 中，省略了在任务 4.2 中介绍过的表格和表单创建的代码，省略代码的放置区已在代码 5-5 中有所体现。读者需细心严谨地对照任务 4.2 中的详细代码进行此任务代码的规范编写和扩充。另外，为表单中的"提交"按钮也添加了事件处理方法 submitUser()，该方法用于将表单中的数据上传到表格中。该方法的代码已在代码 5-5 中展现。

结合任务 4.2，在浏览器中运行代码 5-5 的完整代码并单击"新增元素"按钮添加数据，如图 5-8 所示。

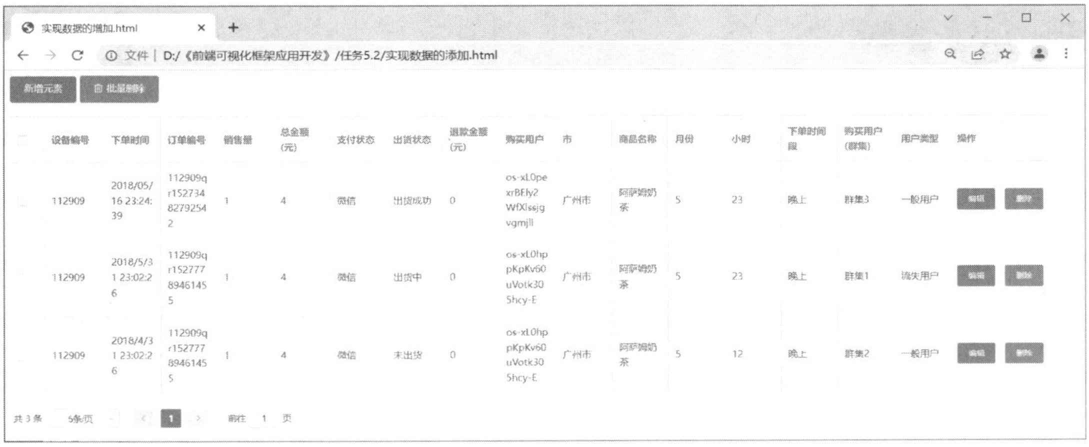

图 5-8　单击"新增元素"按钮添加数据

任务 5.3　实现数据的批量删除

【任务描述】

随着信息时代的快速发展，新零售智能销售产业将会产生大量数据。在这个背景下，建立一个新零售智能销售数据管理与可视化平台对数据进行管理很有必要。基于任务 5.2，通过 Vue 事件的内联事件，为新零售智能销售数据管理与可视化平台的订单数据管理页面的"批量删除"按钮添加批量删除数据的方法，如图 5-9 所示。

在勾选需要删除的数据后单击"批量删除"按钮，即可删除已选的数据，通过"批量删除"按钮批量删除数据可以节省很多时间。

图 5-9　批量删除数据

【任务要求】

单击"批量删除"按钮实现数据的批量删除。

【相关知识】

实现数据的批量
删除

在 Vue 中，v-on 指令可以通过接收一个定义的方法来完成复杂的逻辑过程。当定义的方法需要传递参数时，可以使用内联的 JavaScript 语句给 v-on 指令传递参数。使用内联的 JavaScript 语句给 v-on 指令传递参数的过程被称为内联事件。

中国诗词蕴含丰富的人文精神。了解和熟记中国诗词有助于学生陶冶情操，传承中华民族传统文化。某学校通过 Vue 事件中的内联事件开发了一个简易的诗词问答小程序来帮助该校学生更好地熟记中国诗词。

开发诗词问答小程序的结果如图 5-10 所示。

单击"公布答案"按钮后的结果如图 5-11 所示。

图 5-10　开发诗词问答小程序的结果

图 5-11　单击"公布答案"按钮后的结果

实现诗词问答小程序的主要代码如代码 5-6 所示。

代码 5-6　实现诗词问答小程序的主要代码

```
<div id="app">
    <h3>诗词问答</h3>
    <h5>君不见黄河之水天上来的下一句是：</h5>
    <!--输入答案区域-->
    <el-row>
        <el-col :span="5">
            <el-input    placeholder="请输入答案"></el-input>
        </el-col>
    </el-row>
    <br>
    <!--添加一个基于 Element UI 的按钮，并添加内联事件-->
    <el-button @click="say('奔流到海不复回。')">公布答案</el-button>
    <br>
    <br>答案：{{ A }}
</div>
<script>
    // 创建一个 Vue 实例
    var app = new Vue({
        el: '#app',
        // 定义一个 A 属性，设置初始值为空字符
        data: {
            A: "
        },
        // 定义一个 say()方法
        methods: {
            say(message) {
                this.A = message
            }
        }
    })
</script>
```

由代码 5-6 可知，在 Vue 实例中添加了一个 say()方法并设置了 message 参数，添加了一个 A 属性接收 say()方法传递的参数内容。this.A=message 表示返回 A 属性并传递 message 参数的内容。<el-button @click="say('奔流到海不复回。')">公布答案</el-button>定义了一个"公布答案"按钮，@click="say('奔流到海不复回。')"为按钮添加了按钮被单击后，可以调用 say()方法的内联事件。

【任务实施】

步骤 单击"批量删除"按钮实现数据的批量删除

为"批量删除"按钮添加一个内联事件。在 Vue 实例中添加一个 arrsDel()方法，同时在该方法中使用 let 关键字创建一个空数组，并添加一个可以接收所有选中的自增 ID 的 for 循环。

实现数据的
批量删除
（任务实施）

在提示是否删除数据的代码中添加 sort()函数将数组内的值从小到大排序。当从小到大循环删除数据后，添加一个可以改变每次删除后的删除起点的 for 循环。在 arrsDel()方法中添加一个自增 ID 重排的 for 循环，以及可以清除所选数据的 this 函数。在订单数据表格中添加当选项发生变化时会触发 handleSelectionChange()方法的事件，以及添加取消删除数据时选项被恢复的方法。

单击"批量删除"按钮批量删除数据的主要代码如代码 5-7 所示。

代码 5-7 单击"批量删除"按钮批量删除数据的主要代码

```
<div id="app">
    <el-button type="danger" icon="el-icon-delete" @click="arrsDel()">批量删除</el-button>
    <el-table :data="tableData.slice((currentPage-1)*pagesize,currentPage*pagesize)" ref="multipleTable"
tooltip-effect="dark" border style="width: 100%" @selection-change="handleSelectionChange">
    <!--数据展示放置区-->
</div>
<script>
    var app = new Vue({
        el: '#app',
        data() {
            return {
                iconFormVisible: false,
                rowIndex: null,
                // ship_status 放置区
                // urban_area 放置区
                // time_period 放置区
                // tableData 放置区
                currentPage: 1,
                pagesize: 20,
            }
        },
        methods: {
            handleSelectionChange(val) { //单击选中
                console.log(val);
                this.multipleSelection = val;
            },
            /*批量删除*/
```

（续）

```
        arrsDel() {
            let arr = [];
            for (let i = 0; i < this.multipleSelection.length; i++) {
                arr.push(this.multipleSelection[i].zizengId)    // 接收所有选中的自增 ID
            }
            this.$confirm('删除后数据无法恢复，确定批量删除数据？', '提示', {
                confirmButtonText: '确定',
                cancelButtonText: '取消',
                type: 'error',
            }).then(() => {
                arr.sort();    // 将数组内的值从小到大进行排序，从小到大循环删除
                for (let a = 0; a < arr.length; a++) {
                    this.tableData.splice(arr[a] - a, 1);    // arr[a]-a 改变每次删除后的删除起点
                }
                this.$message({
                    type: 'success',
                    message: '删除成功!'
                })
            }).catch(() => {
                this.$message({
                    type: 'info',
                    message: '已取消删除'
                })
            })
            // 自增 ID 重排
            for (let i = 0; i < this.tableData.length; i++) {
                this.tableData[i].zizengId = i;
            }
            this.$refs.multipleTable.clearSelection();    // 清除所选数据
        },
        /*取消删除*/
        cancel() {
            this.iconFormVisible = false
        }
    }
})
</script>
```

提示：在代码 5-7 中，省略了在模块 2 中介绍过的表格创建的代码，省略代码的放置区已在代码 5-7 中有所体现。另外，批量删除数据后，数据将无法恢复。读者在删除数据前需要耐心思考、仔细检查，细心核对删除的数据是否正确，以免造成误删，导致无法挽回的后果。

结合任务5.2，在浏览器中运行代码5-7的完整代码，勾选两条数据并单击"批量删除"按钮，批量删除数据，结果如图5-12所示。

图 5-12 批量删除数据的结果

任务 5.4 添加 once 修饰符实现每种商品只能被收藏一次的功能

【任务描述】

线上购物是当下十分流行的一种购物方式。线上商城的商品种类繁多，为了更好地了解用户的购物需求，提升服务质量，某商家为新零售智能销售平台商品列表页面中的商品添加了一个"收藏"按钮。通过 Vue 事件的 once 修饰符，为"收藏"按钮添加每种商品只能被收藏一次的限制，如图5-13所示。每种商品的右下角都有一个星状的"收藏"按钮，第一次单击"收藏"按钮时，按钮的图标会变亮，再次单击该按钮，图标样式保持不变。限制可以缩小选择范围，找到内在规则。当人们无从评判什么样的选择是更好的，或什么样的选择应该率先被尝试时，限制可以扮演"路标"的角色，指引人们走到一个能看到"风景"的地方。

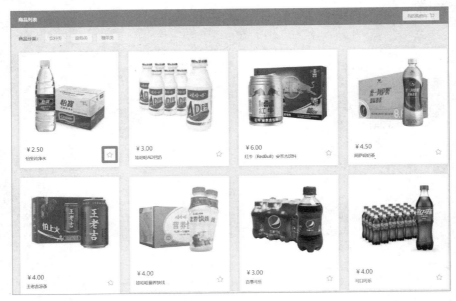

图 5-13 添加 once 修饰符实现每种商品只能被收藏一次的功能

【任务要求】

（1）为商品设置图片、名称和价格信息。

（2）创建一个"收藏"按钮。

（3）实现每种商品只能被收藏一次的功能。

【相关知识】

添加 once 修饰符实现每种商品只能被收藏一次功能

5.4.1　基本概念

事件修饰符是 Vue 为了对事件添加一些通用限制而提供的特定写法。常用的事件修饰符有 5 种，基本介绍如下。

（1）stop 修饰符：阻止事件冒泡。

（2）capture 修饰符：与事件冒泡的方向相反，事件捕获由外向内。

（3）self 修饰符：只触发自己范围内的事件。

（4）once 修饰符：只触发一次事件。

（5）prevent 修饰符：阻止默认事件的发生。

5.4.2　事件修饰符的用法

事件修饰符有很多应用场景，例如，可以用很简单的语句实现阻止用户重复单击"提交"按钮的功能。因为每种事件修饰符呈现的效果各不相同，所以本节将对 5 种事件修饰符分别进行介绍。读者可以根据不同的呈现效果在之后的项目开发中选择不同的事件修饰符对事件进行通用限制。

➲1．未使用事件修饰符

为按钮添加一个单击事件，按钮被单击后触发按钮单击事件及外侧单击事件，结果如图 5-14 所示。

图 5-14　按钮被单击后触发按钮单击事件及外侧单击事件的结果

实现如图 5-14 所示结果的主要代码如代码 5-8 所示。

代码 5-8　按钮被单击后触发按钮单击事件及外侧单击事件的主要代码

```
<div id="app" class="out">
    <div id="outside" @click="outhandleClick">
        <el-button @click="handleClick">点击</el-button>
```

（续）

```
        </div>
    </div>
<script>
    var vm = new Vue({
        el: '#app',
        data: {},
        methods: {
            outhandleClick() {
                alert('触发了外侧单击事件。')
            },
            handleClick() {
                alert('触发了按钮单击事件。')
            }
        }
    });
</script>
```

由代码 5-8 可知，在 Vue 实例中分别添加了 outhandleClick()方法和 handleClick()方法，并在<div>标签中添加了一个"点击"按钮，单击该按钮触发 handleClick()方法后触发外侧的 outhandleClick()方法。

2．stop 修饰符

为按钮单击事件添加一个 stop 修饰符阻止外侧的单击事件冒泡，其结果如图 5-15 所示。

图 5-15　使用 stop 修饰符的结果

实现如图 5-15 所示结果的主要代码如代码 5-9 所示。

代码 5-9　阻止外侧的单击事件冒泡的主要代码

```
<div id="app" class="out">
    <!--创建外侧单击事件-->
    <div id="app1" @click="outhandleClick">
        <!--创建按钮单击事件-->
        <el-button @click.stop="handleClick">点击</el-button>
    </div>
</div>
<script>
    // 创建一个 Vue 实例
```

（续）

```
var vm = new Vue({
    el: '#app',
    methods: {
        //添加方法
        outhandleClick() {
            alert('触发了外侧单击事件。')
        },
        handleClick() {
            alert('触发了按钮单击事件。')
        }
    }
});
</script>
```

由代码 5-9 可知，在 Vue 实例中分别添加了 outhandleClick() 和 handleClick() 方法，当按钮被单击时弹出相应的提示框。@click.stop 表示为按钮添加了一个阻止冒泡的事件。

3. capture 修饰符

为触发外侧单击事件添加 capture 修饰符，其结果如图 5-16 所示。

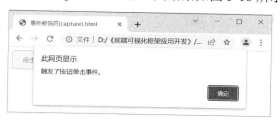

图 5-16　使用 capture 修饰符的结果

实现如图 5-16 所示结果的主要代码如代码 5-10 所示。

代码 5-10　添加捕获事件的主要代码

```
<div id="app" class="out">
    <!--创建外侧单击事件-->
    <div id="app1" @click.capture="outhandleClick">
        <!--创建按钮单击事件-->
        <el-button @click="handleClick">点击</el-button>
    </div>
</div>
<script>
    // 创建一个 Vue 实例
    var vm = new Vue({
        el: '#app',
        methods: {
            //添加方法
```

（续）

```
        outhandleClick() {
            alert('触发了外侧单击事件。')
        },
        handleClick() {
            alert('触发了按钮单击事件。')
        }
    }
});
</script>
```

由代码 5-10 可知，<div id="app1" @click.capture="outhandleClick">在触发外侧单击事件上使用了 capture 修饰符。@click.capture 表示添加一个捕获事件。

➡4．self 修饰符

在触发外侧单击事件上使用 self 修饰符，其结果如图 5-17 所示。

图 5-17　使用 self 修饰符的结果

实现如图 5-17 所示结果的主要代码如代码 5-11 所示。

代码 5-11　在触发外侧单击事件上使用 self 修饰符的主要代码

```
<div id="app" class="out">
    <!--创建外侧单击事件-->
    <div id="app1" @click.self="outhandleClick">
        <!--创建按钮单击事件-->
        <el-button @click="handleClick">点击</el-button>
    </div>
</div>
<script>
    // 创建一个 Vue 实例
    var vm = new Vue({
        el: '#app',
        data: {},
        methods: {
            //添加方法
            outhandleClick() {
                alert('触发了外侧单击事件。')
            },
```

（续）

```
        handleClick() {
            alert('触发了按钮单击事件。')
        }
    }
});
</script>
```

由代码 5-11 可知，<div id="app1" @click.self="outhandleClick">在外侧单击事件上添加了 self 修饰符。@click.self 表示监视事件是否直接作用在触发外侧单击事件上，若不是，则冒泡跳过触发外侧单击事件。

5．once 修饰符

为按钮外侧的单击事件添加一个 once 修饰符，当第 1 次单击按钮时，除了触发按钮单击事件，还会触发按钮外侧的单击事件，结果如图 5-18 所示。

图 5-18　第 1 次单击按钮后的结果

当第 2 次单击按钮时，仅触发按钮单击事件，不再触发按钮外侧的单击事件，结果如图 5-19 所示。

图 5-19　第 2 次单击按钮后的结果

同理，once 修饰符也可以修饰按钮的单击事件，常用于防止用户重复提交数据操作的场景，读者可以自行测试。

实现只触发一次事件的功能的主要代码如代码 5-12 所示。

代码 5-12　实现只触发一次事件的功能的主要代码

```
<div id="app" class="out">
    <!--创建外侧单击事件-->
    <div id="app1" @click.once="outhandleClick">
        <!--创建按钮单击事件-->
        <el-button @click="handleClick">点击</el-button>
```

（续）

```
        </div>
    </div>
<script>
    // 创建一个 Vue 实例
    var vm = new Vue({
        el: '#app',
        data: {},
        methods: {
            //添加方法
            outhandleClick() {
                alert('触发了外侧单击事件。')
            },
            handleClick() {
                alert('触发了按钮单击事件。')
            }
        }
    });
</script>
```

由代码 5-12 可知，<div id="app1" @click.once="outhandleClick">在外侧单击事件上添加了 once 修饰符。@click.once 表示外侧单击事件只执行一次。

6．prevent 修饰符

为<a>标签添加一个链接，单击该链接后跳转到的页面如图 5-20 所示。

图 5-20　跳转到的页面

为<a>标签的网址添加一个带 prevent 修饰符的 click 事件,实现阻止页面跳转的目的,如图 5-21 所示。

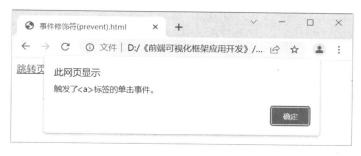

图 5-21　阻止页面跳转

实现阻止页面跳转的主要代码如代码 5-13 所示。

代码 5-13　实现阻止页面跳转的主要代码

```
<div id="app">
    <!--为<a>标签添加一个 prevent 修饰符-->
    <a href="https://******" @click.prevent="handleClick">跳转页面</a>
</div>
<script>
    // 创建一个 Vue 实例
    var vm = new Vue({
        el: '#app',
        data: {},
        methods: {
            //添加方法
            handleClick() {
                alert('触发了<a>标签的单击事件。')
            }
        }
    });
</script>
```

由代码 5-13 可知,在 Vue 实例中添加了 handleClick()方法,单击"跳转页面"链接弹出"触发了<a>标签的单击事件。"提示框。

【任务实施】

步骤 1　为商品设置图片、名称和价格信息

为了使顾客清楚地了解商品的基本信息,可以创建一个卡片用于放置商品图片、名称和价格信息,其主要代码如代码 5-14 所示。

添加 once 修饰符
实现每种商品只能
被收藏一次功能
(任务实施)

代码 5-14 创建一个卡片用于放置商品图片、名称和价格信息的主要代码

```html
<div class="drink">
    <el-row>
        <el-col :span="4" v-for="(item, i) in tabledata" :key="i">
            <el-card :body-style="{ padding: '10px' }" shadow="always">
                <div align="center">
                    <img :src="item.img" class="image" style="cursor: pointer;" @click="open(item,i)">
                </div>
                <div class="bottomCard">
                    <span class="bottomCardSpan">￥{{ item.price.toFixed(2) }}</span>
                    <div class="bottom clearfix">
                    <span>{{ item.name }}</span>
                    </div>
                </div>
            </el-card>
        </el-col>
    </el-row>
</div>
<script>
    new Vue({
        el: '#app',
        data: function () {
            return {
                // 首页列表数据
                tabledata: [
                    {
                        name: "怡宝纯净水",
                        price: 2.5,
                        info: "怡宝饮用纯净水",
                        amount: 292,
                        flag: true,
                        number: 1,
                        money: 2.5,
                        img: "images/怡宝纯净水.png"
                    }
                ]
            }
        }
    })
</script>
```

在浏览器中运行代码 5-14 的完整代码，结果如图 5-22 所示。

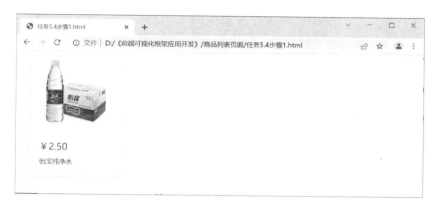

图 5-22 为商品设置图片、名称和价格信息的结果

步骤 2 创建一个 "收藏" 按钮

创建一个 "收藏" 按钮并为按钮添加一个单击按钮图标颜色发生变化的内联事件的主要代码如代码 5-15 所示。

代码 5-15 创建一个 "收藏" 按钮并为按钮添加一个单击按钮图标颜色发生变化的内联事件的主要代码

```
<div class="bottomCard">
  <span class="bottomCardSpan">￥{{ item.price.toFixed(2) }}</span>
    <el-tooltip :content="item.flag ? '收藏' : '已收藏'" placement="bottom" effect="light">
      <el-button type="text" class="iconbutton"><i
        :class="[item.flag ? 'el-icon-star-off' : 'el-icon-star-on']"
        @click="changeColor1(i)"></i>
      </el-button>
    </el-tooltip>
    <div class="bottom clearfix">
      <span>{{ item.name }}</span>
    </div>
</div>
<script>
    new Vue({
        el: '#app',
        // 商品信息数据放置区
        methods: {
            //改变图标颜色
            changeColor1(i) {
                this.tabledata[i].flag = !this.tabledata[i].flag;
            }
        }
    })
</script>
```

在浏览器中运行代码 5-15 的完整代码，结果如图 5-23 所示。

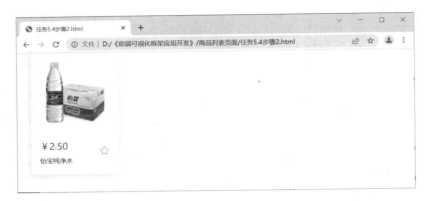

图 5-23　创建一个"收藏"按钮并为按钮添加一个单击按钮图标颜色发生变化的内联事件的结果

步骤 3　实现每种商品只能被收藏一次的功能

为"收藏"按钮添加 once 修饰符限制每种商品只能被收藏一次，主要代码如代码 5-16 所示。

代码 5-16　实现每种商品只能被收藏一次的功能的主要代码

```
<el-button type="text" class="iconbutton"><i
    :class="[item.flag ? 'el-icon-star-off' : 'el-icon-star-on']"
    @click.once="changeColor1(i)"></i>
</el-button>
```

在浏览器中运行代码 5-16 的完整代码，第 1 次单击"收藏"按钮后的结果如图 5-24 所示。再次单击该按钮，其结果不变。

图 5-24　第 1 次单击"收藏"按钮后的结果

任务 5.5　添加 Enter 按键修饰符实现数据提交功能

添加 Enter 按键
实现数据的提交

【任务描述】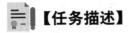

现在是信息时代，新零售智能销售产业每天都会产生许多新增数据。当需要将新增数据提交到订单数据表格中时，可以单击"确定"按钮，如图 5-25 所示。同时，可以通过添加 Enter 按键修饰符实现抬起"Enter"键提交数据的功能。本节基于任务 5.3，实现抬起"Enter"键或单击"确定"按钮，提交数据的功能。

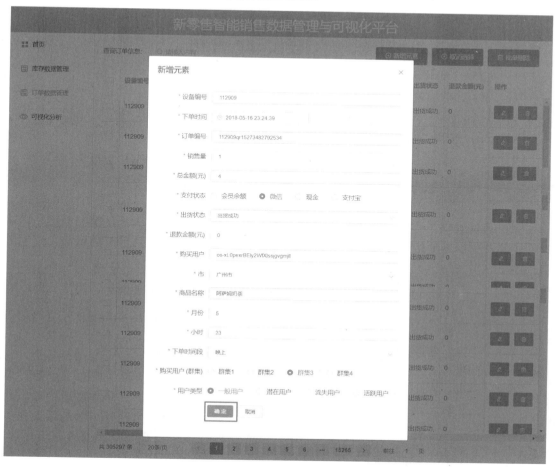

图 5-25   单击"确定"按钮实现提交数据的功能

【任务要求】

为订单数据表单添加 Enter 按键修饰符监听键盘事件。

【相关知识】

5.5.1   键盘事件的概念和按键修饰符的种类

操作者对键盘进行操作所触发的事件即为键盘事件。在 Vue 中包括如下 3 种键盘事件。

（1）keydown：键盘按键被按下时被触发。

（2）keyup：键盘按键抬起时被触发。

（3）keypress：键盘按键被按下、抬起的间隔期间被触发。

按键修饰符是 Vue 提供的用于监听键盘事件的一种便捷方式，常用的按键修饰符如下。

（1）.enter：捕获"Enter"键。

（2）.tab：捕获"Tab"键。

（3）.delete：捕获"Delete"键和"退格"键。

（4）.esc：捕获"Esc"键。

（5）.space：捕获"空格"键。

（6）.up：捕获"向上"键。

（7）.down：捕获"向下"键。

（8）.left：捕获"向左"键。

（9）.right：捕获"向右"键。

5.5.2　按键修饰符的用法

Vue 事件提供了一系列便捷的按键修饰符用于监听键盘事件。因为按键修饰符的用法大同小异，所以本节只挑选其中一个进行详细介绍，关于其余按键修饰符的用法，读者可自行学习。

1．触发键盘事件

2022 年第 24 届冬季奥林匹克运动会（简称冬季奥运会）在北京隆重开幕。某学校为了让学生了解国家大型体育盛事，培养学生强身健体的意识，通过 Vue 事件中的键盘事件开发了一个冬季奥运会知识问答小程序，并对学生回答问题的输入框进行了监听，以便了解输入框是否出现异常。

冬季奥运会知识问答小程序的结果如图 5-26 所示。

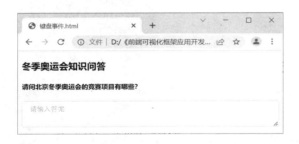

图 5-26　冬季奥运会知识问答小程序的结果

对回答问题的输入框进行监听，在调试控制台中显示的结果如图 5-27 所示。

图 5-27　在调试控制台中显示触发键盘事件的结果

开发冬季奥运会知识问答小程序的主要代码如代码 5-17 所示。

代码 5-17　开发冬季奥运会知识问答小程序的主要代码

```
<div id="app">
    <h3>冬季奥运会知识问答</h3>
    <h5>请问北京冬季奥运会的竞赛项目有哪些？</h5>
    <!--基于 Element UI 的一个输入框-->
```

（续）

```
    <el-input type="textarea" :rows="2" placeholder="请输入答案" v-model="text"
    @keyup.native="answers"></el-input>
</div>
<script>
    var app = new Vue({
        el: '#app',
        data() {
            return {
                text: ''
            }
        },
        // 监听到键盘事件后在调试控制台中打印
        methods: {
            answers() {
                console.log("正在输入答案！")
            }
        }
    })
</script>
```

由代码 5-17 可知，在 Vue 实例中添加了 answers()方法。console.log("正在输入答案！")用于在调试控制台中打印"正在输入答案！"。<el-input type="textarea" :rows="2" placeholder="请输入答案" v-model="text" @keyup.native="answers"></el-input>是一个输入框。@keyup.native 用于为输入框增加一个键盘抬起事件。如果输入框是基于 Element UI 创建的，则触发键盘事件需要添加".native"。

2. 监听键盘事件

在代码 5-17 中，每次在输入框中输入内容都会触发键盘事件。但有时候不需要在每次输入时都触发键盘事件，这时可以为键盘事件添加按键修饰符，约束当键盘上的按键抬起或被按下时才会触发键盘事件。

在代码 5-17 的基础上添加 Enter 按键修饰符，约束当"Enter"键抬起时触发键盘事件，在调试控制台中打印的结果如图 5-28 所示。

图 5-28　在调试控制台中打印的结果

添加 Enter 按键修饰符的主要代码如代码 5-18 所示。

代码 5-18　添加 Enter 按键修饰符的主要代码

```
<div id="app">
    <h3>冬季奥运会知识问答</h3>
    <h5>请问北京冬季奥运会的竞赛项目有哪些？</h5>
    <!--基于 Element UI 的一个输入框-->
```

（续）

```
    <el-input type="textarea" :rows="2" placeholder="请输入答案" v-model="text"
    @keyup.enter.native="answers"></el-input>
</div>
<script>
    var app = new Vue({
        el: '#app',
        data() {
            return {
                text: "
            }
        },
        // 监听到键盘事件后在调试控制台中打印
        methods: {
            answers() {
                console.log("已填写完答案！")
            }
        }
    })
</script>
```

由代码 5-18 可知，在 Vue 实例中添加了 answers()方法。console.log("已填写完答案！")
用于在调试控制台中打印"已填写完答案！"。@keyup.enter.native 用于为输入框添加一个监
听"Enter"键抬起时在调试控制台中打印结果的键盘事件。

【任务实施】

步骤　为订单数据表单添加 Enter 按键修饰符监听键盘事件

在键盘事件中添加 Enter 按键修饰符实现当"Enter"键抬起时提交数据的功能。当
"Enter"键抬起时提交订单数据表单的主要代码如代码 5-19 所示。

代码 5-19　当"Enter"键抬起时提交订单数据表单的主要代码

```
<div id="app">
    <el-button type="primary" icon="el-icon-circle-plus-outline" @click="add">新增元素</el-button>
    <!--数据展示放置区-->
    <!--对话框表单放置区-->
        <el-dialog title="新增元素" :visible.sync="iconFormVisible" :before-close="handleClose" center>
            <el-form :model="form" label-width="120px" size="mini" @keyup.enter.native="submitUser()">
</div>
<script>
    // 日期和时间类型转换放置区
    var app = new Vue({
                el: '#app',
```

（续）

```
            data() {
            return {
                iconFormVisible: false,
                rowIndex: null,
                // ship_status 放置区
                // urban_area 放置区
                // time_period 放置区
                // tableData 放置区
                currentPage: 1,
                pagesize: 20,
                // form 放置区
                }
            },
            methods: {
                /*新增元素*/
                /*对话框是否关闭*/
                /*提交修改*/
                }
            })
</script>
```

> **提示**：代码 5-19 在代码 5-5 的基础上增加了一个监听"Enter"键抬起的键盘事件，除在对话框的表单中增加了 @keyup.enter.native="submitUser()"以外，其余代码与代码 5-5 一致。另外，在代码 5-19 中体现了省略代码的放置区，读者需根据提示，细心地对照代码 5-5，完成该任务代码的规范编写。

在浏览器中运行代码 5-19 的完整代码，当"Enter"键抬起时提交订单数据表单的结果如图 5-29 所示。

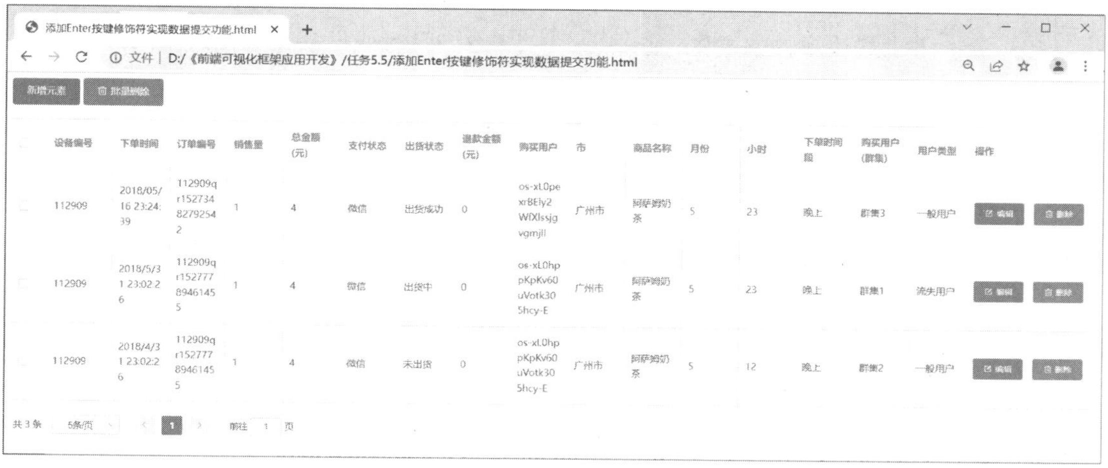

图 5-29　当"Enter"键抬起时提交订单数据表单的结果

模块小结

Vue 事件是前端可视化技术中不可缺少的一部分，它能够在程序运行中提高运行效率，节省时间成本。本模块介绍了 Vue 事件中常见的事件类型和基本用法，以及常见的事件修饰符和按键修饰符的类型和基本用法。通过学习本模块，读者能够掌握 Vue 事件的实际应用方法，从而为解决实际问题奠定良好的基础。

课后作业

1. 选择题

（1）以下（　　　）指令可以实现事件监听。

    A．v-if   B．v-on   C．v-show   D．v-for

（2）以下（　　　）代码运用了事件处理方法。

    A．<el-button @click="counter">+</el-button>

    B．<el-button @click="counter++">+</el-button>

    C．<el-button @click="counter(message)">+</el-button>

    D．<el-button @click.once="counter--">+</el-button>

（3）以下（　　　）代码运用了内联事件。

    A．<el-button @click="say">点击</el-button>

    B．<el-button @click="say--">点击</el-button>

    C．<el-button @click="click">点击</el-button>

    D．<el-button @click="say(message)">点击</el-button>

（4）以下关于 stop 修饰符的作用描述正确的是（　　　）。

    A．阻止默认事件的发生   B．只触发一次事件

    C．只触发自己范围内的事件   D．阻止事件冒泡

（5）以下关于 once 修饰符的作用描述正确的是（　　　）。

    A．阻止默认事件的发生   B．只触发一次事件

    C．只触发自己范围内的事件   D．阻止事件冒泡

（6）left 修饰符用来捕获键盘上的（　　　）。

    A．"Delete"键和"退格"键   B．"空格"键

    C．"向左"键   D．"向右"键

2. 操作题

（1）在我国科学技术水平还不发达的古代，人们通常使用算盘进行数据的计算。当数据量太多，计算量太大时，人们可能需要花费很长时间才能得到一个较为准确的计算结果。随着科学技术的不断发展，计算器应运而生。因为计算器能够帮助人们快速、准确地计算大量数据，所以它渐渐成了计算大量数据的主要工具。

根据所学的知识开发一个简易的计算器帮助人们计算数据，具体操作步骤如下。

①引入 element-ui 库文件和 vue.js 库文件。

②创建两个输入框，分别用于输入数值 1 和数值 2。

③创建 4 个按钮并添加 4 个方法用于监听按钮单击事件。

④在 Vue 实例中添加 3 个属性，其中两个用来存放输入的数值，剩下的一个用来存放计算结果。

⑤添加一个<span>标签用于显示计算结果。

⑥在 Vue 实例中添加 4 个方法，分别用于实现数值的加、减、乘、除运算。

（2）中国自古就是一个器乐艺术十分发达的国家，许多乐曲广为流传。

为了使人们更好地了解中国传统器乐艺术，传承和发扬中国传统器乐艺术，根据所学的知识开发一个有关中国传统器乐艺术的知识竞赛小程序，激发人们学习中国传统器乐的兴趣，具体操作步骤如下。

①引入 element-ui 库文件和 vue.js 库文件。

②创建一个按钮并为其添加一个内联事件用于告诉答题者开始答题。

③创建一个选择器用于答题者选择答案。

④创建一个复选框用于答题者确认是否提交答案。

⑤创建一个按钮并为其添加一个单击提交事件。

⑥在复选框被选择前"提交"按钮被禁用，复选框被选择后该按钮方可被单击。

⑦创建一个对话框用于提示答题者已提交答案。

⑧查找资料，为单击提交事件添加 ctrl 修饰符，当答题者按下"Ctrl"键并单击"提交"按钮时弹出"已提交答案"对话框。

⑨在 Vue 实例中添加 3 个属性，其中一个用于存放选择器的内容，剩下的两个为创建复选框及对话框的默认属性。

⑩在 Vue 实例中添加两个方法，一个为内联事件的方法，另一个为创建对话框的方法。

模块 6 封装新零售智能销售平台商品列表页面的可重用功能——Vue 组件的开发

生活垃圾的大量产生在污染环境的同时也造成了许多资源浪费。随着保护环境运动的兴起，变废为宝设计活动在世界各地流行起来。设计师在将可回收的生活垃圾设计成一件件衣服和物品的同时，也提升了资源的复用率，减少了资源的浪费。

在 Vue 中，组件就是一个可复用的实例。将程序中的公共模块封装成一个组件可以提高代码的复用率，在节省编码时间的同时，也减少了资源的消耗。本模块将从组件的基本概念、组件的核心选项、组件通信和动态组件 4 个方面介绍 Vue 组件。

【教学目标】

1. 知识目标

（1）了解组件的概念和核心选项。
（2）掌握组件的注册和基本用法。
（3）了解组件通信的概念和作用。
（4）了解 3 种组件通信方式的概念和作用。
（5）掌握 3 种组件通信方式的基本用法。
（6）了解动态组件的概念和作用。
（7）掌握动态组件的基本用法。

2. 技能目标

（1）能够注册和使用组件。
（2）能够使用 3 种不同的组件通信方式完成组件通信。
（3）能够使用动态组件完成页面图片或网页的动态切换。

3. 素养目标

（1）对项目功能进行进一步完善，培养精益求精的工匠精神。
（2）鼓励学生探索研究和深入理解组件注册和通信等新技术，培养锲而不舍的科学精神。
（3）增强学生了解中华传统文化的意识，提升学生的文化素养。

任务 6.1　将"购买数量"栏中的所有内容封装成组件

【任务描述】

随着信息时代的快速发展，选择线上购物的人越来越多。线上商城的商品种类繁多，若为每种商品都添加改变购买数量的按钮，那么代码将会变得冗余繁杂，不利于代码的组织和管理。为了提高代码的复用率，方便代码的组织和管理，基于任务 5.1，将新零售智能销售平台商品列表页面的"商品详情"对话框中的"购买数量"栏中的所有内容封装成组件，如图 6-1 所示。通过封装技术可提高项目代码的复用率，有助于减少开发工作量，提高开发效率，降低维护成本，提高系统的健壮性。

图 6-1　将"购买数量"栏中的所有内容封装成组件

【任务要求】

将"购买数量"栏中的所有内容封装成组件。

【相关知识】

将"购物数量"栏
封装成组件

6.1.1　了解组件

组件作为 Vue 的重要组成部分，在项目开发中起着非常重要的作用。在项目开发中，组件化开发可以使每个组件都由对应的开发者负责，让代码更易于组织和管理。掌握组件化开发是一个循序渐进的过程，了解组件的基本概念和熟悉组件的核心选项等相关知识是掌握组件化开发的第一步。

1. 基本概念

组件是 Vue 中强大的功能之一。组件可以扩展 HTML 元素、封装可复用的代码。如果一个网页中某一部分的代码需要应用在多个场景中，那么可以将该代码封装成一个组件进行复用，从而提高代码的复用率。

一个组件可以和其他组件进行组合或嵌套，构成一个组件树。在大型应用中为了使开发者可以分工合作、代码得到复用，不可避免地需要将应用拆分为多个相对独立的模块，模块中则存在组件。通常，一个应用会以一棵嵌套的组件树的形式来组织。组件树示例如图 6-2 所示。

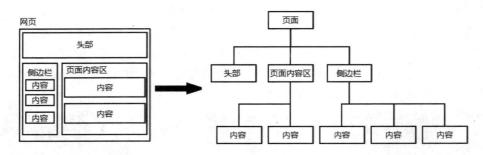

图 6-2   组件树示例

由图 6-2 可知，网页中包含头部、页面内容区和侧边栏 3 个部分，页面内容区和侧边栏包含内容部分。将网页中的页面、头部、页面内容区、侧边栏和内容分别封装成 5 种不同的组件。其中，在页面组件中包含头部、页面内容区、侧边栏 3 个组件，页面内容区和侧边栏这两个组件又分别包含内容组件。其中，在组件树中，头部、页面内容区和侧边栏这 3 个组件为页面组件的子组件，内容组件为页面内容区组件和侧边栏组件的子组件。

➋ 2．组件的核心选项

在创建组件时可通过传入选项创建自定义的行为。一个组件可以预定义多个选项，但核心选项有 5 个，其基本介绍如下。

（1）模板（template）：模板声明了最终渲染在页面上的效果。

（2）初始数据（data）：一个组件的初始数据状态。在组件中，data 选项必须是一个函数。

（3）接收外部参数（props）：组件之间通过参数进行数据的传递和共享。参数默认是单向绑定（由上至下）的，但也可以声明为双向绑定。props 通过指定验证要求确保他人可以正确使用组件。

（4）方法（methods）：对数据的改动操作一般在组件的方法内进行。开发者可以通过 v-on 指令将用户输入事件和组件方法进行绑定。

（5）钩子函数（hooks）：在 Vue 实例生命周期的某个阶段执行的已定义方法。一个组件会触发多个钩子函数，如 created、destroyed 等。钩子函数可帮助开发者控制在 DOM 中创建对象时的流程，以及更新和删除对象时的流程。

6.1.2　全局注册

在 Vue 中创建一个新组件后，必须先对新组件进行注册，才能在实例中使用它。Vue 提供了全局注册和局部注册两种组件注册方式。

　　在所有 Vue 实例中都可以使用的组件称为全局组件。注册全局组件的过程称为全局注册。在 Vue 实例中，可通过 Vue.component()方法创建并注册全局组件。如果需要使用注册后的组件，那么需要创建一个 Vue 实例把组件作为自定义元素来使用。

　　下面使用 Vue.component()方法创建并注册一个全局组件，将其命名为"AllComponent"。为组件设置一个 template 选项。创建一个 Vue 实例并使用该组件，页面被渲染成 template 选项中的内容，结果如图 6-3 所示。在已有 Vue 实例的基础上再创建一个 Vue 实例并使用"AllComponent"组件，页面同样会被渲染成"AllComponent"组件的 template 选项中的内容，结果如图 6-4 所示。

图 6-3　创建一个实例并使用全局组件的结果　　图 6-4　创建两个实例并使用同样的全局组件的结果

　　在页面中实现如图 6-4 所示结果的主要代码如代码 6-1 所示。

代码 6-1　注册全局组件并使用的主要代码

```
<div id="app">
    <all-component></all-component>
</div>
<div id="test">
    <all-component></all-component>
</div>
<script>
    // 使用 Vue.component()方法注册全局组件
    Vue.component('AllComponent', {
        // 为全局组件设置一个 template 选项，在页面中显示此选项中的内容
        template: `<div>全局组件。</div>`,
    })
    // 创建一个 Vue 实例
    var app = new Vue({
        el: '#app'
    });
    var test = new Vue({
        el: '#test'
    })
</script>
```

　　由代码 6-1 可知，开发者可以自定义组件名称。需要注意的是，当采用小驼峰（AllComponent）的方式命名组件时，在使用组件时需要将组件名称中的大写字母改成小写字母，同时在两个小写字母之间使用"-"连接，如<all-component>。

6.1.3 局部注册

只能在一个 Vue 实例中使用的组件称为局部组件。注册局部组件的过程称为局部注册。在 Vue 中需要定义一个变量来创建局部组件。局部组件需要通过 components 属性注册仅在当前作用域下可用的组件。

定义一个变量用于创建局部组件。为组件设置一个 template 选项。创建一个 Vue 实例并通过 components 属性注册仅在当前作用域下可用的组件。使用该组件，页面被渲染成 template 选项中的内容，结果如图 6-5 所示。在已有 Vue 实例的基础上再创建一个 Vue 实例并使用该组件，因为局部组件只能在通过 components 属性注册的 Vue 实例中使用，再次创建的 Vue 实例没有注册当前作用域下可用的组件，所以页面不会被渲染成 template 选项中的内容，结果如图 6-6 所示。

图 6-5　创建一个实例并使用局部组件的结果　　图 6-6　创建两个实例并使用同样的局部组件的结果

在 Vue 中实现如图 6-5 所示结果的主要代码如代码 6-2 所示。

代码 6-2　注册局部组件并使用的主要代码

```
<div id="app">
    <local-component></local-component>
</div>
<div id="test">
    <local-component></local-component>
</div>
<script>
    // 定义一个变量用于创建局部组件
    var localcomponent = {
        template: `<div>局部组件。</div>`
    }
    // 创建一个 Vue 实例
    var app = new Vue({
        el: '#app',
        // 注册局部组件
        components: {
            'local-component': localcomponent
        }
    });
    var test = new Vue({
        el: '#test'
    });
</script>
```

【任务实施】

步骤　将"购买数量"栏中的所有内容封装成组件

将"购物数量"栏
封装成组件
（任务实施）

将"购买数量"栏中的所有内容封装成组件需要注册一个全局组件，并将任务 5.1 中的"购买数量"栏设置为组件的 template 选项。在组件内定义一个 number 属性（初始值为 0）用于统计购买数量。将"购买数量"栏中的所有内容封装成组件的主要代码如代码 6-3 所示。

代码 6-3　将"购买数量"栏中的所有内容封装成组件的主要代码

```
<div id="app">
    <all-component></all-component>
</div>
<script>
    Vue.component('AllComponent', {
        data() {
            return {
                number: "0"
            }
        },
        template: `<div>
                    <el-row :gutter="10">
                        <el-col :span="2">
                        <p>购买数量：</p>
                        </el-col>
                        <el-col :span="1">
                        <el-button @click="number--">-</el-button>
                        </el-col>
                        <el-col :span="2">
                        <el-input type="text" placeholder="" v-model="number"></el-input>
                        </el-col>
                        <el-col :span="1">
                        <el-button @click="number++">+</el-button>
                        </el-col>
                    </el-row>
                </div>`
    })
    var app = new Vue({
        el: '#app'
    })
</script>
```

将"购买数量"栏中的所有内容封装成组件的结果如图 6-7 所示。

图 6-7　将"购买数量"栏中的所有内容封装成组件的结果

任务 6.2　通过组件通信展示商品信息

使用组件通信展
示商品信息

【任务描述】

　　线上商城的商品数量随着线上购物的发展变得越来越多，如何快速
地将所有商品信息展示在新零售智能销售平台商品列表页面中成了商家急需解决的问题。
我们可以在新零售智能销售平台商品列表页面中利用 Vue 组件的父组件向子组件通信，通
过已经设置好的用于展示商品信息的空模板，在 Vue 实例中定义商品信息的属性，从而在
页面中展示商品信息，如图 6-8 所示。

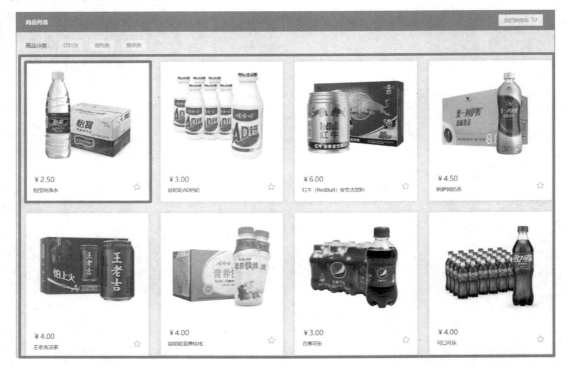

图 6-8　通过组件通信展示商品信息

　　其中，小矩形框是已经设置好的用于展示商品信息的空模板。在模板中商品的图片、
价格和名称是通过父组件向子组件通信的方式进行传递的，并根据已设置好的空模板样式
展示在页面上。在设置空模板的同时，因为使用了 v-for 指令循环遍历 Vue 实例中已定义的
所有商品信息，所以在大矩形框中，其他商品信息也同样被展示在页面上。

【任务要求】

（1）注册一个全局组件。

（2）为组件设置 props 选项和 template 选项。

（3）在页面中展示商品信息。

【相关知识】

6.2.1　父组件向子组件通信

组件是一个具有独立功能的整体。组件之间相互建立联系的过程称为组件通信。组件通信有父组件向子组件通信、子组件向父组件通信和非父子组件通信 3 种方式。

通过 v-bind 指令为子组件动态绑定一个 props 选项来接收父组件传递的值的过程称为父组件向子组件通信。

随着信息碎片化时代的来临，人们开始浮光掠影地阅读非常多的信息。这些碎片化的信息很快会变成过眼云烟。为了让人们更好地阅读时事新闻，提高新闻敏感度和政治素养，某学生通过 Vue 组件开发了一个可以阅读各类新闻的 App 供人们在空闲时间进行阅读。同时，为了减少用户因输入错误造成无法搜索到新闻情况的发生，在搜索框下增加了一个提示框，通过父组件向子组件通信的方式实现搜索框和提示框数据的同步更新。

App 的搜索框和提示框如图 6-9 所示。

输入要搜索的新闻主题，结果如图 6-10 所示。

图 6-9　App 的搜索框和提示框　　　　图 6-10　搜索框和提示框数据同步更新

在页面中实现搜索框和提示框数据同步更新的主要代码如代码 6-4 所示。

代码 6-4　实现搜索框和提示框数据同步更新的主要代码

```
<div id="app">
    请输入您要搜索的新闻主题：<el-row>
        <el-col :span="5">
            <el-input v-model="input" placeholder="请输入内容"></el-input>
        </el-col>
    </el-row>
```

（续）

```
    <!--使用 child 组件，通过 v-bind 指令动态绑定一个 props 选项来接收 Vue 实例传递的值-->
    <child :message="input"></child>
</div>
<script>
    // 注册一个全局组件并命名为 child
    Vue.component('child', {
        // Vue 实例通过 props 选项将值传递给子组件
        props:["message"],
        // 为组件设置一个模板
        template: `<div>
        <h5>您要搜索的是否为：{{message}}</h5>
        <el-button>是</el-button>
        </div>`
    })
    // 创建一个 Vue 实例
    var app = new Vue({
        el: '#app',
        data:{
                input: "
            }
    })
</script>
```

6.2.2 子组件向父组件通信

在 Vue 中存在一个单向的下行绑定，即父组件的数据变更可以影响子组件，而子组件的数据变更却不能影响父组件。在实际开发中，当出现子组件的数据更新后需要同步更新父组件的数据时，就需要用到子组件向父组件通信的方式。

实现子组件向父组件通信需要在子组件数据发生变化后，触发一个事件方法来告诉父组件。父组件需要监听此事件，当父组件捕获到该事件运行后，再对父组件的数据进行同步更新。

参加志愿活动能够加强人与人之间的交往，减少彼此之间的疏远感，促进社会和谐。越来越多的人参与到服务社会的行列中，对促进社会进步起到了积极的作用。

某学校为了让该校学生积极参加志愿活动，培养学生传递爱心、传播文明的意识，通过组件化开发的方式开发了一个记录学生志愿时长的小程序，如图 6-11 所示。整个小程序被拆分为"统计时长"和"改变时长"两个组件，"统计时长"组件为父组件，"改变时长"组件为子组件。通过子组件向父组件通信的方式实现当学生单击改变时长的按钮时，统计时长组件的数据也会同步更新的效果。

单击 ┌┐ 按钮后的结果如图 6-12 所示。

图 6-11　记录学生志愿时长的小程序

图 6-12　单击 +1 按钮后的结果

在页面中实现如图 6-11 所示结果的主要代码如代码 6-5 所示。

代码 6-5　开发记录学生志愿时长的小程序的主要代码

```
<div id="App">
    <h3>志愿时长：{{total}}小时</h3>
    <!--监听事件-->
    <child @increase="gettotal" @reduce="gettotal"></child>
</div>
<script>
    // 注册一个全局组件并命名为 child
    Vue.component('child', {
        // 定义组件模板
        template: `<div>
                <el-button @click="add()">+1</el-button>
                <el-button @click="red()">-1</el-button>
                </div>`,
        // 在组件中，data 必须是一个函数
        data() {
            return {
                counter: 0
            }
        },
        // 子组件定义的两个方法
        methods: {
            add() {
                this.counter++;
                // 使用$emit()触发 Vue 实例的事件
                this.$emit("increase", this.counter);
            },
            red() {
                this.counter--;
                this.$emit("reduce", this.counter);
            }
        }
    });
    // 创建一个 Vue 实例
```

（续）

```
var App = new Vue({
    el: '#App',
    // 定义一个 total 属性记录志愿时长
    data: {
        total: 0
    },
    methods: {
        gettotal(total) {
            this.total = total;
        }
    }
});
</script>
```

6.2.3　非父子组件之间通信

任意两个组件之间进行通信的过程称为非父子组件之间的通信。实现非父子组件之间的通信需要引入一个 Vue 实例 bus 作为媒介，通过 bus 触发和监听事件实现组件之间的通信和参数传递。

复习是巩固、深化所学知识，提高学习成绩的重要环节。有人把复习形象地比喻为在大脑里刻印迹，每重复一次就会加深一次印迹。某学校通过 Vue 组件中非父子组件之间通信的方式，为复习小程序的教师端添加查看学生复习次数的功能，提醒老师跟进学生的复习情况，提高学生的学习效率。当学生进入复习小程序的学生端进行复习时，教师端同步更新学生进入该小程序的次数。

复习小程序中的学生端与教师端页面分别如图 6-13 和图 6-14 所示。

图 6-13　复习小程序中的学生端页面（未单击按钮）图 6-14　复习小程序中的教师端页面（未单击按钮）

单击 点击进入0次 按钮后的学生端页面如图 6-15 所示。

单击 点击进入0次 按钮后的教师端页面如图 6-16 所示。

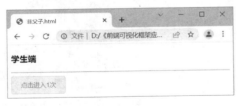

图 6-15　单击 点击进入0次 按钮后的学生端页面　　图 6-16　单击 点击进入0次 按钮后的教师端页面

实现复习小程序中的学生端和教师端页面的主要代码如代码 6-6 所示。

代码 6-6 实现复习小程序中的学生端和教师端页面的主要代码

```
<div id="app">
    <h3>学生端</h3>
    <!--通过 v-bind 指令绑定单击按钮的总次数-->
    <component-a :counter="total"></component-a>
    <br><br>
    <h3>教师端</h3>
    <component-b></component-b>
</div>
<script>
    var bus = new Vue();
    Vue.component('component-a', {
        template: `<div>
                <hr><el-button @click="doClick">点击进入{{counter}}次</el-button></hr>
                </div>`,
        data() {
            return {
                counter: 0
            }
        },
        methods: {
            doClick() {
                this.counter++;
                // 触发事件
                bus.$emit('btn-click', this.counter)
            }
        }
    })
    Vue.component('component-b', {
        template: `<div>
                <hr>进入次数：{{counter}}</hr>
                </div>`,
        data() {
            return {
                counter: 0
            }
        },
        methods: {
            foo(value) {
                this.counter = value;
            }
```

（续）

```
    },
    created() {
        // 监听事件
        bus.$on('btn-click', this.foo);
    }
})
// 创建一个 Vue 实例
var app = new Vue({
    el: '#app',
    // 定义一个 total 属性用来记录单击按钮的次数
    data: {
        total: 0
    },
    methods: {
        doChildClick() {
            this.total += 1
        }
    }
})
</script>
```

由代码 6-6 可知，创建了一个 Vue 实例 bus，为需要传递数据的 component-a 组件绑定了一个方法，该方法通过 bus.$emit()触发事件，并在接收数据的 component-b 组件内通过 bus.$on()监听事件，实现两个平行组件的数据同步。

【任务实施】

使用组件通信展示商品信息（任务实施）

步骤 1 注册一个全局组件

使用 Vue.Component()方法注册一个全局组件，主要代码如代码 6-7 所示。

代码 6-7 注册全局组件的主要代码

```
Vue.component('child', {})
```

步骤 2 为组件设置 props 选项和 template 选项

基于步骤 1，为 child 组件设置接收 Vue 实例传递给组件有关商品信息数据的 props 选项，并为组件设置展示商品信息的 template 选项，主要代码如代码 6-8 所示。

代码 6-8 为组件设置 props 选项和 template 选项的主要代码

```
Vue.component('child', {
    // Vue 实例通过 props 选项将值传递给子组件
    props: {
```

（续）

```
        tabledata: Array
    },
    // 为组件设置一个模板
    template: `<div class="drink">
        <el-row >
            <el-col :span="4" v-for="(item, i) in tabledata" :key="i">
                <el-card :body-style="{ padding: '10px' }" shadow="always">
                    <div align="center">
                        <img :src="item.img" class="image" style="cursor: pointer;">
                    </div>
                    <div class="bottomCard">
                        <span class="bottomCardSpan">￥{{ item.price.toFixed(2) }}</span>
                        <el-tooltip :content="item.flag ? '收藏' : '已收藏'" placement="bottom" effect="light">
                            <el-button type="text" class="iconbutton"><i
                                :class="[item.flag ? 'el-icon-star-off' : 'el-icon-star-on']"
                                @click="changeColor1(i)"></i>
                            </el-button>
                        </el-tooltip>
                        <div class="bottom clearfix">
                            <span>{{ item.name }}</span>
                        </div>
                    </div>
                </el-card>
            </el-col>
        </el-row>
    </div>`
})
```

步骤 3　在页面中展示商品信息

在 child 组件中添加一个可以改变 "收藏" 按钮图标颜色的方法并创建一个 Vue 实例。为 Vue 实例定义有关商品信息数据的 tabledata 属性，在<div>标签下使用注册好的 child 组件在页面中展示商品信息，主要代码如代码 6-9 所示。

代码 6-9　在页面中展示商品信息的主要代码

```
<div id="app">
    <!--使用 child 组件，通过 v-bind 指令动态绑定一个 props 选项来接收 Vue 实例传递的值-->
    <child :tabledata="tabledata"></child>
</div>
<script>
Vue.component('child', {
    // props 选项放置区
```

```
methods: {
    changeColor1(i) {
        this.tabledata[i].flag = !this.tabledata[i].flag;
    }
},
// template 选项放置区
// 创建一个 Vue 实例把组件作为自定义元素来使用
var app = new Vue({
    el: '#app',
    data() {
        return {
            tabledata: [
                {
                    name: "怡宝纯净水",
                    price: 2.5,
                    info: "怡宝饮用纯净水",
                    amount: 292,
                    flag: true,
                    number: 1,
                    money: 2.5,
                    img: "images/怡宝纯净水.png"
                },{
                    name: "娃哈哈 AD 钙奶",
                    price: 3,
                    info: "儿童酸奶饮料、早餐娃哈哈乳酸菌饮品 AD 钙奶",
                    amount: 346,
                    flag: true,
                    money: 3,
                    number: 1,
                    img: "images/娃哈哈 AD 钙奶.png"
                }, {
                    name: "红牛（RedBull）安奈吉饮料",
                    price: 6,
                    info: "红牛安奈吉饮料，运动型功能补充饮料饮品",
                    number: 1,
                    amount: 155,
                    money: 6,
                    flag: true,
                    img: "images/红牛.png"
                }, {
                    name: "阿萨姆奶茶",
                    price: 4.5,
```

（续）

```
            info: "统一阿萨姆原味奶茶饮料",
            number: 1,
            amount: 121,
            money: 4.5,
            flag: true,
            img: "images/阿萨姆奶茶.png"
        }, {
            name: "王老吉凉茶",
            price: 4,
            info: "草本凉茶植物清凉饮料，中华老字号",
            number: 1,
            amount: 38,
            money: 4,
            flag: true,
            img: "images/王老吉.png"
        }, {
            name: "娃哈哈营养快线",
            price: 4,
            info: "娃哈哈营养快线，营养健康早餐奶含乳饮品",
            number: 1,
            amount: 183,
            money: 4,
            flag: true,
            img: "images/娃哈哈营养快线.png"
        }, {
            name: "百事可乐",
            price: 3,
            info: "百事可乐汽水碳酸饮料",
            amount: 271,
            number: 1,
            money: 3,
            flag: true,
            img: "images/百事可乐.png"
        }, {
            name: "可口可乐",
            price: 4,
            info: "可口可乐汽水碳酸饮料",
            number: 1,
            amount: 102,
            money: 4,
            flag: true,
```

（续）

```
        img: "images/可口可乐.png"
      }
    ]
  }
}
})
</script>
```

在浏览器中运行代码 6-9 的完整代码，其结果如图 6-17 所示。

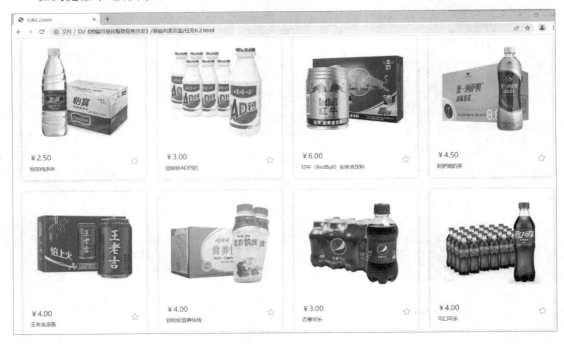

图 6-17　在页面中展示商品信息的结果

动态展示各类别
商品

任务 6.3　动态展示各类商品

 【任务描述】

　　线上商城的商品种类繁多，将商品分门别类地放置不仅能够使用户快速找到自己所需的商品，还能够使商家方便地管理不同种类的商品。因此，为新零售智能销售平台商品列表页面添加一个可以动态展示各类商品的区域很有必要。利用 Vue 组件的动态组件，为新零售智能销售平台商品列表页面创建动态组件，动态展示各类商品，结果如图 6-18 所示。分类是指按照种类、等级或性质对事物进行归类。把日常事务进行分类处理，是一项很重要的能力，这有助于人们在生活或工作中提高效率。

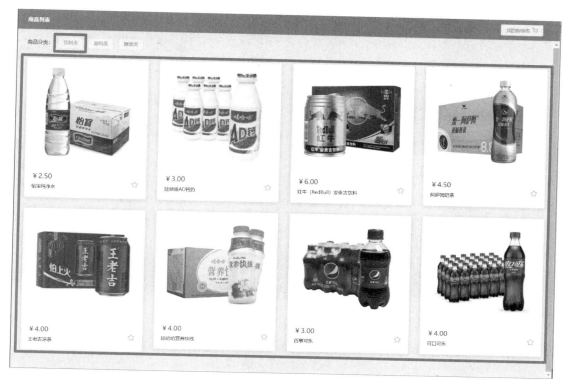

图 6-18　动态展示各类商品的结果

【任务要求】

（1）创建商品类别的按钮
（2）动态展示各类商品。

【相关知识】

动态组件是指可以使多个组件使用同一个挂载点并进行动态切换的组件。实现动态组件功能需要使用 Vue 中的 component 元素动态绑定:is 特性来挂载不同的组件。

在中国古代，楼阁被看作神圣、尊贵和威严的象征。楼阁一般临水而建，湖光山色，波光粼粼，景色秀美。因此，楼阁也是文人雅士的汇聚之所，许多文学名篇因楼阁而诞生，而楼阁也因这些文章的流传而声名远扬。了解中国古代传统楼阁有助于人们了解中国传统建筑，传播中华民族传统文化。

某学校开发了一个帮助学生了解中国古代传统楼阁的小程序，通过 Vue 组件的动态组件功能实现单击按钮动态切换"江南三大名楼"基本介绍的效果。

单击"滕王阁"按钮后的结果如图 6-19 所示。

单击"黄鹤楼"按钮后的结果如图 6-20 所示。

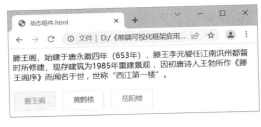 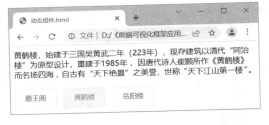

图 6-19　单击"滕王阁"按钮后的结果　　图 6-20　单击"黄鹤楼"按钮后的结果

实现单击按钮动态切换"江南三大名楼"基本介绍的主要代码如代码 6-10 所示。

代码 6-10　实现单击按钮动态切换"江南三大名楼"基本介绍的主要代码

```
<div id="app">
    <!--使用 component 元素动态绑定:is 特性-->
    <component :is="currentView"></component>
    <br>
    <el-button @click="handleChange('1')">滕王阁</el-button>
    <el-button @click="handleChange('2')">黄鹤楼</el-button>
    <el-button @click="handleChange('3')">岳阳楼</el-button>
</div>
<script>
    var app = new Vue({
        el: '#app',
        // 定义多个组件模板
        components: {
            com1: {
                template: `<div>滕王阁，始建于唐永徽四年（653 年），滕王李元婴任江南洪州都督时
所修建，现存建筑为 1985 年重建景观，因初唐诗人王勃所作《滕王阁序》而闻名于世，世称"西江第一
楼"。</div>`
            },
            com2: {
                template: `<div>黄鹤楼，始建于三国吴黄武二年（223 年），现存建筑以清代"同治楼"
为原型设计，重建于 1985 年，因唐代诗人崔颢所作《黄鹤楼》而名扬四海，自古有"天下绝景"之美
誉，世称"天下江山第一楼"。</div>`
            },
            com3: {
                template: `<div>岳阳楼，始建于东汉建安二十年（215 年），现存建筑沿袭清光绪六年
（1880 年）重建时的形制与格局，因北宋滕宗谅重修岳阳楼，邀好友范仲淹作《岳阳楼记》使得岳阳楼
著称于世，自古有"洞庭天下水，岳阳天下楼"之美誉，世称"天下第一楼"。</div>`
            }
        },
        data: {
            currentView: ''
        },
```

（续）

```
// 通过函数动态地改变 currentView 属性值，实现动态挂载不同组件的功能
methods: {
    handleChange(component) {
        this.currentView = 'com' + component;
    }
}
})
</script>
```

【任务实施】

步骤 1　创建商品类别的按钮

创建商品类别按钮的主要代码如代码 6-11 所示。

代码 6-11　创建商品类别按钮的主要代码

```
<el-button>饮料类</el-button>
<el-button>面包类</el-button>
<el-button>糖果类</el-button>
```

运行代码 6-11 的完整代码，结果如图 6-21 所示。

图 6-21　创建商品类别按钮的结果

步骤 2　动态展示各类商品

实现动态展示各类商品的功能需要完成 3 个组件的动态切换。注册 3 个组件并分别为 3 个组件设置有关各类商品基本信息的 template 选项。在 Vue 实例中创建一个 currentView 属性并添加一个 handleChange()函数来动态地改变 currentView 属性值，实现动态挂载不同组件的功能。使用 component 元素动态绑定:is 特性，以改变 currentView 属性值实现单击按钮动态展示各类商品的效果。因为 3 个组件模板的设置大同小异，所以代码 6-12 主要展示饮料类商品的组件模板设置。

代码 6-12　动态展示饮料类商品的组件模板设置的主要代码

```
<div id="app">
 <el-button @click="handleChange('1')">饮料类</el-button>
 <el-button @click="handleChange('2')">面包类</el-button>
 <el-button @click="handleChange('3')">糖果类</el-button>
 <br><br>
```

```
<!--使用 component 元素动态绑定:is 特性-->
<component :is="currentView"></component>
</div>
<script>
  var app = new Vue({
    el: '#app',
    // 定义多个组件模板
    components: {
      com1: {
        data(){
          return{
            tabledata: [
          {
            name: "怡宝纯净水",
            price: 2.5,
            info: "怡宝饮用纯净水",
            amount: 292,
            flag: true,
            number: 1,
            money: 2.5,
            img: "images/怡宝纯净水.png"
          },{
            // 其他饮料类商品信息放置区
          ]
          }
        },
        template: `<div class="drink">
        <el-row >
          <el-col :span="4" v-for="(item, i) in tabledata" :key="i">
            <el-card :body-style="{ padding: '10px' }" shadow="always">
              <div align="center">
                <img :src="item.img" class="image" style="cursor: pointer;">
              </div>
              <div class="bottomCard">
                <span class="bottomCardSpan">￥{{ item.price.toFixed(2) }}</span>
                <el-tooltip :content="item.flag ? '点赞' : '已点赞'" placement="bottom" effect="light">
                  <el-button type="text" class="iconbutton"><i
                      :class="[item.flag ? 'el-icon-star-off' : 'el-icon-star-on']"
                      @click="changeColor1(i)"></i>
                  </el-button>
                </el-tooltip>
                <div class="bottom clearfix">
```

（续）

```
                <span>{{ item.name }}</span>
            </div>
          </div>
        </el-card>
      </el-col>
    </el-row>
  </div>`
        },
        // 面包类组件模板放置区
        // 糖果类组件模板放置区
    data() {
      return{
        currentView: ''
      }
    },
    // 通过函数动态地改变 currentView 属性值，实现动态挂载不同组件的功能
    methods: {
      handleChange(component) {
        this.currentView = 'com' + component;
      }
    }
  })
</script>
```

在浏览器中运行代码 6-12 的完整代码并单击"饮料类"按钮，结果如图 6-22 所示。

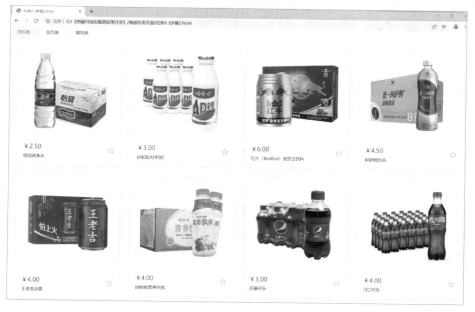

图 6-22　单击"饮料类"按钮的结果

单击"面包类"按钮的结果如图 6-23 所示。

图 6-23　单击"面包类"按钮的结果

模块小结

Vue 组件是项目开发中不可缺少的一部分，将项目中的公共模块封装成组件能够减少项目开发中的重复代码，节省网站开发的时间。本模块介绍了 Vue 组件中组件的概念、核心选项、组件通信的作用、组件通信和动态组件的基本用法。

课后作业

1. 选择题

（1）在 Vue 中，父组件向子组件传递数据时需要使用（　　）。

    A．$emit()　　　　　B．$props()　　　　　C．emit　　　　　D．props

（2）在 Vue 中，可以通过（　　）特性绑定动态组件。

    A．:is　　　　　　　B．if　　　　　　　　C．bind　　　　　D．show

（3）下列注册全局组件的代码正确的是（　　）。

    A．Vue.components('component-a',{/*...*/})

    B．Vue.component('component-a',{/*...*/})

    C．Vue.props('component-a',{/*...*/})

    D．Vue.methods('component-a',{/*...*/})

（4）在 Vue 中，子组件向父组件传递数据时需要使用（　　　）。

    A．emit　　　　　　　B．props　　　　　　　C．$props　　　　　　　D．$emit

（5）如果想注册局部组件，则组件中接收的选项是（　　　）。

    A．directives　　　　B．directive　　　　C．components　　　　D．component

（6）实现非父子组件之间的通信需要引入一个 Vue 实例（　　　）作为媒介。

    A．bus　　　　　　　B．event　　　　　　C．props　　　　　　D．emit

2．操作题

（1）保持心情愉悦有助于维持心理健康。健康的心理可以提高学习、工作的效率。重视心理健康，有利于开发智力和发展个性；可以消除产生心理疾病的各种因素，防止病变的发生或发展。

根据所学的知识开发一个调查问卷形式的小程序用来收集学生在生活中保持心情愉悦的方法，具体操作步骤如下。

①引入 element-ui 库文件和 vue.js 库文件。

②注册两个全局组件，一个组件为回答区域，另一个组件为展示区域。

③分别为两个组件设置 template 选项。

④为展示区域的组件设置一个 props 选项用来接收 Vue 实例传递的数据。

⑤在回答区域组件中使用$emit()触发 Vue 实例的事件并添加一个提交调查问卷后清空输入框的函数。

⑥在 Vue 实例中创建一个将新回答放入展示区域中的函数。

（2）大学生正处于世界观、人生观、价值观形成和发展的重要时期。加强大学生的思想道德修养，是大学生成才的需要。某学校要在某平台上购买《思想道德修养与法律基础》和《毛泽东思想和中国特色社会主义理论体系概论》等图书，以提升该校学生的道德品质、法律意识和思想政治素养。

根据所学的知识为该平台开发一个可以展示书籍名称、数量、购买金额等信息的购物车，具体操作步骤如下。

①引入 element-ui 库文件和 vue.js 库文件。

②注册两个组件，一个组件为购物车内容，另一个组件为购物车总金额。

③分别为两个组件设置 template 选项。

④分别为两个组件设置 props 选项用来接收 Vue 实例传递的数据。

⑤在购物车内容组件中使用$emit()触发 Vue 实例的事件来修改数据。

⑥为购物车总金额组件添加一个 computed 计算属性来计算购物车总金额。

⑦在 Vue 实例中分别添加一个改变数据和删除数据的方法。

模块 7　设计新零售智能销售平台的访问路径
——Vue 路由的应用

在早期，人们使用报纸获取新闻，随着科技的快速发展，手机进入了人们的生活，人们逐渐开始使用手机获取新闻。人们使用手机，通过不同的链接地址可以随时随地查看各地的新闻信息，而且获取新闻信息的速度比报纸更快。不断发展和创新的科技，不仅支撑着经济的发展，还使人们的生活更加便利。学生要努力学习科学知识，提高自身科技素养，把学习与科技创新结合起来，为我国建设世界科技强国不懈奋斗。

路由就是通过互联网把新闻信息从源地址传输到用户手机的过程。本模块主要介绍 Vue 路由的基本概念、引入方法，以及 Vue 的 vue-router 插件的工作原理、对象属性和基础用法。

【教学目标】

1. 知识目标

（1）了解路由的基本概念和前后端路由的实现过程。

（2）掌握 vue-router 插件的基本概念。

（3）掌握路由的 3 种引入方法。

（4）熟悉 vue-router 插件的工作原理。

（5）了解 vue-router 插件的对象属性。

（6）掌握 vue-router 插件的基础用法。

2. 技能目标

（1）能够在 Vue 项目中引入路由。

（2）能够使用 vue-router 插件创建路由。

（3）能够对路由和视图进行命名。

（4）能够实现嵌套路由的功能。

（5）能够对路由路径进行重定向和使用别名来访问页面。

3. 素养目标

（1）引导学生努力学习科学知识，提高自身科技素养。

（2）引导学生积极观看新闻，提升辨别、欣赏及利用新闻信息的能力。

（3）增强学生尊老爱幼的道德意识。

（4）培养学生积极向上、勇于拼搏、追求发展、追求卓越的精神。

（5）引导学生锻炼思维能力，认真巩固所学知识。

（6）增强学生交通文明意识，自觉维护交通秩序。

任务 7.1　使用路由实现单页面内容的跳转

【任务描述】

随着新零售智能销售规模的不断扩大，管理、分析数据的工作变得越来越冗杂。某商家将新零售智能销售数据管理与可视化平台设计为单页面的形式，根据导航菜单，通过路由实现页面内容跳转的功能。不同菜单对应的页面内容如图 7-1 和图 7-2 所示，页面的地址和内容都发生了变化。通过路由，系统能够在内容改变时不重新加载整个页面，从而方便访问者浏览数据信息。路由的出现正是由于时代的发展和科技的进步，不断发展的科技，不仅促进了文明的发展，还为人们的生活带来了许多便利。

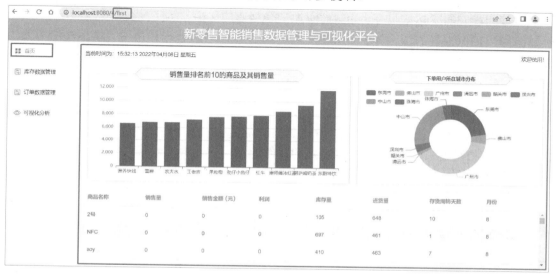

图 7-1　首页内容

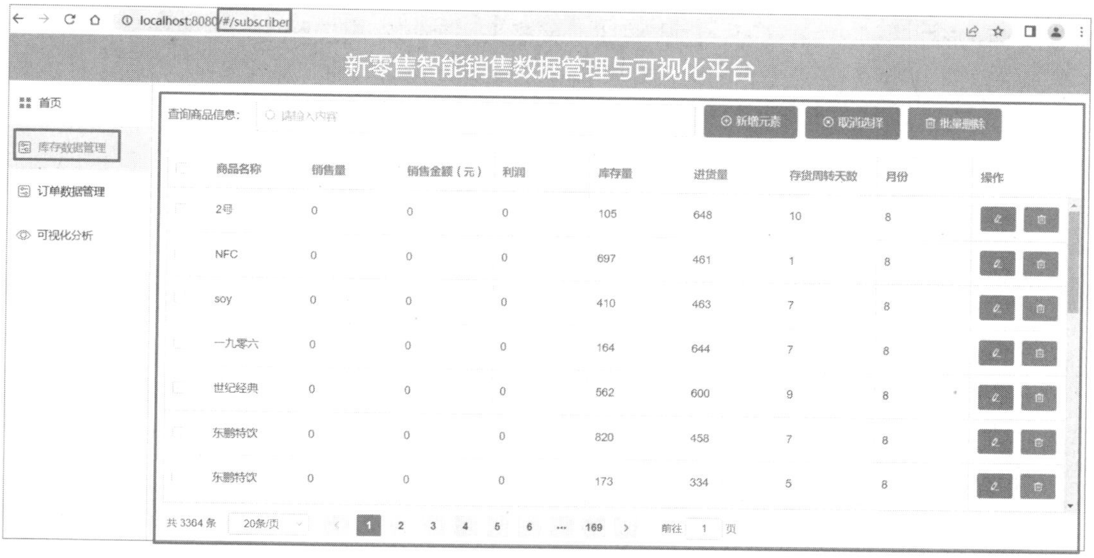

图 7-2　库存数据管理页面内容

（1）创建路由实例。

（2）在导航菜单中应用路由。

使用路由实现单页面内容的跳转（初始路由、vue-router 插件的工作原理和 vue-router 插件的对象属性）

【相关知识】

7.1.1 初识路由

路由作为 Vue 前端项目的重要组成部分，决定了用户要访问的网页地址和相应的跳转方式等。为网站添加一个合适的路由，不仅可以给用户提供更好的浏览体验，还能方便管理者对网站的管理和使用。掌握路由的使用方法是一个循序渐进的过程。了解路由的基本概念和路由的引入方法等相关知识是学习路由的第一步。

1. 基本概念

本模块所述的路由是指 URL 路由（URL Routing），并非指网络通信中的路由交换。URL 路由是指将请求的 URL 映射到特定的代码逻辑或资源中的过程。在 Web 开发中，URL 路由的主要目的是将用户在浏览器地址栏中输入的 URL 与服务器端或客户端的处理逻辑对应起来，使得不同的 URL 可以触发不同的功能或页面显示。

后端路由的实现过程是当 URL 改变时，浏览器向服务器发送请求，服务器根据 URL 返回不同的资源内容。随着信息时代的发展，网站页面越来越复杂，服务器的压力也越来越大，因此人们提出了前端路由的概念。

前端路由的实现过程是通过匹配不同的 URL，对 URL 进行解析，动态地渲染出页面的内容。前端路由的核心就是改变 URL 而不刷新页面，并且可以根据对 URL 变化的监听更新页面内容。例如，单页面中内容的切换就是采用前端路由实现的，这是在同一个页面中实现的，不涉及页面间内容的跳转。

vue-router 是 Vue 框架下用来管理页面内容跳转和更新的插件，通过 vue-router 插件可以更方便地进行路由的控制和管理。

用户可以通过使用 Vue 和 vue-router 插件来实现单页面的应用。单页面的应用是基于路由和组件实现的。其中，路由用于设定访问路径，将路径和组件进行映射，从而达到页面内容跳转的目的。

2. 路由的引入

在 Vue 的项目中，使用 vue-router 插件实现页面内容的跳转之前，需要对 vue-router 插件进行库文件的引入。vue-router 插件的引入有 CDN 引入、下载 JavaScript 文件、npm 下载 3 种方法。

1）CDN 引入

CDN 引入是指在联网的状态下，直接从 CDN 引入 vue.js、vue-router 相关的库文件。需要注意的是，在引入 vue-router 库文件之前需要先引入 vue.js 库文件。从 CDN 引入库文件的主要代码如代码 7-1 所示。

代码 7-1　从 CDN 引入库文件的主要代码

```
<!-- 引入 vue.js -->
<script src="https://******/ajax/libs/vue/2.6.14/vue.min.js"></script>
<!-- 引入 vue-router -->
<script src="https://******/vue-router/3.2.0/vue-router.min.js"></script>
```

2）下载 JavaScript 文件

用户可以先从 Vue 和 vue-router 官方网站上下载相关的 JavaScript 文件到本地，然后使用<script>标签将文件引入本地项目中。下载 JavaScript 文件到本地后，用户不需要联网就可以引入 vue-router 插件。

由于 CDN 引入不稳定，无法保证网址能够正常运行，因此本模块使用下载 JavaScript 文件的方法引入 vue-router 插件。

3）npm 下载

在 Vue 项目中使用路由，用户可以通过 npm 下载 vue-router 插件，在项目的 main.js 文件中通过"import VueRouter from 'vue-router'"引入路由模块即可。

用户在创建 Vue 项目，使用 npm 下载 vue-router 插件时，插件版本稳定性好，而且对路由模块的管理也可以更加方便和高效，因此在模块 10 中，使用 npm 下载 vue-router 插件。

在命令行中使用 npm 下载 vue-router 插件的命令如下。

```
npm install vue-router --save
```

7.1.2　vue-router 插件的工作原理

vue-router 插件是 Vue 的官方路由，它与 Vue 核心深度集成，使得用户能够轻而易举地通过 Vue 实现单页面的搭建与页面内容的跳转。当通过 vue-router 插件实现单页面中内容的跳转时，可采用 hash 模式或 history 模式。hash 模式和 history 模式用于实现单页面更新视图而不重新请求页面的功能。可以通过对 vue-router 插件设定 mode 属性来决定采用哪种模式。

➡ 1．hash 模式

在 vue-router 插件中默认采用的是 hash 模式。hash 模式是采用 URL 的 hash 值作为锚点，在页面内进行导航的。hash 模式首先通过 location.hash 记录下 URL 中的 hash 值（"#"及其后面的内容），再通过监听 window 对象的 onhashchange 事件，获取跳转前后访问的 URL，从而实现页面内容的跳转。

虽然 hash 值会出现在 URL 中，但不会被包含在 HTTP 请求中。由于 hash 值主要用于指导浏览器的动作，因此当 hash 值改变时，页面不会刷新，浏览器也不会请求服务器。

➡ 2．history 模式

history 模式使用的是普通的 URL，不包含"#"。history 模式是基于在 HTML5 中 window.history 对象新增的两个程序编程接口（API）实现的。在 HTML5 中，window.history 对象提供了浏览器的会话历史。window.history 对象新增的 API 如下。

（1）history.pushState()：向历史记录中追加一条记录。

（2）history.replaceState()：替换当前页在历史记录中的信息。

history 模式通过 history.pushState()和 history.replaceState()改变浏览器的 URL，将 URL 添加到用户访问的历史记录中，并修改页面的内容。由于通过 window.history 对象的 API 调整，浏览器不会向后端发起请求，因此实现了 URL 跳转而无须重新加载页面的目的。

history 模式依赖 HTML5 中 window.history 对象的 API 和服务器，需要后台配置支持。因此需要在服务端增加一个覆盖所有情况的候选资源，如果 URL 匹配不到任何静态资源，那么应该返回同一个 index.html 页面。如果后台没有进行正确的配置，那么当用户在浏览器中直接访问 URL 时会返回"404"。

7.1.3　vue-router 插件的对象属性

在 vue-router 插件的使用过程中，路由对象会被注入每个组件中，通过$route 可以访问到当前匹配到的路由对象。而且当路由切换时，路由对象会被更新。路由对象的属性说明如表 7-1 所示。

表 7-1　路由对象的属性说明

属 性 名 称	属 性 说 明
$route.path	接收 string。表示对应当前路由的路径，会被解析为绝对路径
$route.parmas	接收 object。表示包含路由中的动态片段和全匹配片段的键/值对
$route.query	接收 object。表示包含路由中的查询参数的键/值对
$route.matched	接收 array。表示包含当前匹配的路径中包含的所有片段对应的配置参数对象
$route.name	接收 string。表示当前路径的名字。如果没有使用具体路径，那么名字为空
$route.router	接收 object。表示路由规则所属的路由器及其所属的组件

7.1.4　vue-router 插件的基础使用

在传统的页面中，会用一些链接来实现页面内容的切换和跳转，而 vue-router 插件是通过路径、组件之间的切换来实现单页面内容的切换和跳转的。本节主要介绍使用 vue-router 插件实现单页面内容跳转的基本方法，以及 vue-router 插件的其他功能，如命名路由和命名视图、嵌套路由、重定向和别名。

●1. 基本用法

在 Vue 中使用 vue-router 插件实现单页面内容跳转的步骤如下。

（1）引入相关的 vue.js 库文件和 vue-router 库文件。

（2）定义组件模板。通过"const 模板名称={template:'自定义模板内容'}"形式，定义路由跳转的组件模板。

使用路由实现单页面内容的跳转（vue-router 插件的基本使用 1）

（3）定义路由信息 routes，每个路由映射一个组件。使用 path 属性指定路由路径，使用 component 属性定义对应的组件模板。当为多个视图定义组件模板时，需要使用 components 属性。

（4）创建 router 实例，传入配置好的路由信息 routes。通过"const router = new VueRouter({routes})"形式创建 router 实例。

（5）创建和挂载 Vue 实例。通过 router 配置参数注入路由，从而让整个应用都具有路由功能。

（6）在结构区域中定义控制路由跳转的链接和路由出口。通过<router-link>标签的 to 属性设定好路由跳转的链接，使用<router-view>标签给定一个路由组件的出口，对路由匹配的组件进行渲染。

（7）根据不同的路由，渲染整个页面，最后在浏览器中运行页面。

新闻是人们获取信息、了解世界的重要途径。通过浏览新闻，人们不仅可以实现不出家门而知晓天下事，还可以提高思维的敏锐性和思想的洞察力。因此，学生应该多浏览新闻，扩大视野，增长见识。为了让用户更加方便地浏览新闻网站中不同类型的新闻，减少页面重新加载的时间，网站管理者为网站的新闻类型添加了路由，使得用户单击相应的按钮，页面内容可以显示对应的新闻，而不需要重新加载页面。

在浏览器上打开页面，并单击"科技新闻"按钮，下方出现科技新闻，而 URL 中的 hash 值会变为"#/new1"，结果如图 7-3 所示。其中，hash 值（"#"及其后面的 URL 片段）是<router-link>标签中 to 属性指定的链接，而且该链接是用户自定义的内容，可以根据用户需求进行更改。

单击"社会新闻"按钮，下方出现的是社会新闻，hash 值变为"#/new2"，结果如图 7-4 所示。

图 7-3　单击"科技新闻"按钮后的结果　　　图 7-4　单击"社会新闻"按钮后的结果

在 Vue 中使用 vue-router 插件实现单页面跳转的主要代码如代码 7-2 所示。

代码 7-2　在 Vue 中使用 vue-router 插件实现单页面跳转的主要代码

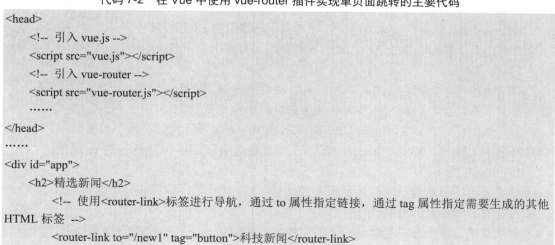

```
<head>
    <!-- 引入 vue.js -->
    <script src="vue.js"></script>
    <!-- 引入 vue-router -->
    <script src="vue-router.js"></script>
    ……
</head>
……
<div id="app">
    <h2>精选新闻</h2>
        <!-- 使用<router-link>标签进行导航，通过 to 属性指定链接，通过 tag 属性指定需要生成的其他
HTML 标签 -->
        <router-link to="/new1" tag="button">科技新闻</router-link>
```

（续）

```
        <router-link to="/new2" tag="button">社会新闻</router-link>
    <!-- 路由匹配到的组件将被渲染到<router-view>标签下 -->
    <router-view></router-view>
</div>
<script>
    // 定义组件模板
    const title1 = { template: '<h3>推进气象科技自立自强 加快建设气象强国</h3>' }
    const title2 = { template: '<h3>宝音德力格尔：用一生守护美丽草原</h3>' }
    // 定义路由信息 routes
    const routes = [
        {path: '/new1',  // 定义路径
        component: title1  // 定义组件
        },
        { path: '/new2', component: title2 }
    ]
    // 创建 router 实例，然后传入 routes 配置
    const router = new VueRouter({
        routes  // "routes: routes" 的缩写
    })
    // 创建和挂载 Vue 实例
    const app = new Vue({
        el: "#app",
        router  // "router: router" 的缩写
    })
</script>
```

在代码 7-2 中，<router-link>标签会被渲染成<a>标签，可以使用 tag 属性指定需要生成的其他标签，此代码使用 "tag="button"" 将组件渲染成按钮。

2. 命名路由和命名视图

在 vue-router 插件的实际使用中，经常会遇到路由的 URL 过长或一个页面由多个视图组成的情况，这时需要使用命名路由和命名视图。

1）命名路由

命名路由用于为路由设置不同的名称，从而方便调用路由。当需要链接到某个路由，或执行跳转时，使用命名路由也会更加方便。

命名路由可以在定义路由信息 routes 时，使用 name 属性为某个路由设置名称。链接到命名路由则需要将名称以 "{name:'名称'}" 形式传递给<router-link>标签的 to 属性。

使用路由实现单页面内容的跳转（vue-router 插件的基本使用 2）

2）命名视图

当浏览器的页面需要同时展示多个视图时，可以使用命名视图的方法，通过组合不同名称的视图显示不同的内容。

命名视图的实现方式与命名路由的实现方式相似。实现命名视图的步骤如下。

（1）在定义路由信息时，定义对应的组件模板，使用 components 属性（末尾注意加"s"），以"视图名称:组件模板名称"形式构建组件模板对象。

（2）使用<router-view>标签的 name 属性添加视图名称。

（3）将路由匹配的组件渲染到指定的位置。

在科技发展日新月异的当下，网上购物、数字娱乐等生活方式越来越盛行，为年轻人带来了便利，却让不少与时代脱节的老年人望而却步。而尊老爱幼自古以来就是中华民族的传统美德，我们要关爱老年人，不能让老年人成为被时代抛弃的群体。因此在年轻人帮助老年人适应数字化时代的同时，企业也要充分为老年人考虑。

某电影公司在设置某网页时，为了给老年人提供便捷化的服务，推出了"关怀模式"。在这种模式下，网页内容的字体会变得更大、更清晰，老年人在使用浏览器时更方便。

在浏览器上打开页面，单击"普通模式"链接，下方出现正常字体的内容，hash 值为"#/Normal"，结果如图 7-5 所示。

单击"关怀模式"链接，下方出现字体变大的内容，hash 值变为"#/Care"，结果如图 7-6 所示。

图 7-5　单击"普通模式"链接后的结果　　　图 7-6　单击"关怀模式"链接后的结果

使用命名路由和命名视图为网页添加"关怀模式"链接的主要代码如代码 7-3 所示。

代码 7-3　使用命名路由和命名视图为网页添加"关怀模式"链接的主要代码

```
<div id="app">
    <h2>首页</h2>
    <!-- 使用<router-link>标签进行导航，通过 to 属性指定链接 -->
    <!-- 给 to 属性传入一个命名后的路由 -->
    <router-link :to="{name:'Normal'}">普通模式</router-link>
    <router-link :to="{name:'Care'}">关怀模式</router-link>
    <!-- 路由匹配到的组件将被渲染到<router-view>标签中 -->
    <router-view></router-view>
    <!-- 在<router-view>标签中添加视图的名称 -->
    <router-view name="module1"></router-view>
    <router-view name="module2"></router-view>
    <!-- 为视图添加样式，字体变大 -->
    <router-view name="module3" style="font-size:30px"></router-view>
    <router-view name="module4" style="font-size:30px"></router-view>
</div>
<script>
```

（续）

```
// 定义组件模板
const opera = { template: '<li>戏曲演唱</li>'}
const comedy = { template: '<li>喜剧电影</li>'}
// 定义路由信息 routes
const routes = [
    {path: '/Normal', name: 'Normal',    //  命名路由
    components: {
        module1:opera,    // 命名视图，显示 opera 组件模板内容
        module2:comedy,    // 显示 comedy 组件模板内容
    }},
    {path: '/Care', name: 'Care',
    components: {
        module3:opera,    // 显示 opera 组件模板内容
        module4:comedy,    // 显示 comedy 组件模板内容
    }}
]
// 创建 router 实例，传入 routes 配置
const router = new VueRouter({
    routes    // "routes: routes" 的缩写
})
// 创建和挂载 Vue 实例
const app = new Vue({
    el: "#app",
    router    // "router: router" 的缩写
})
</script>
```

> 提示：在代码 7-3 中，<router-view>标签使用 style 属性，为组件添加了样式，将字体变大。本代码使用 components 属性构建组件模板对象。读者在学习过程中，要认真观察，注意 components 属性不要遗漏末尾的 s。

➌3．重定向和别名

vue-router 插件经常使用重定向和别名的方式访问某个路由页面的内容。两者的区别在于重定向可以从一个路由切换到另一个路由，而别名可以使用不同的路由显示同一个页面。重定向和别名的内容如下。

使用路由实现单页面内容的跳转（vue-router 插件的基本使用 3、任务实施）

1）重定向

当用户访问某一个路由地址时，可以使用重定向的方式将访问的地址自动跳转到其他指定的地址中，改变原来路由地址的内容。

重定向是在定义路由信息 routes 中，通过 redirect 属性进行设置的。redirect 属性设置的值可以是字符串或路由名称，如"redirect:'/home'"或"redirect:{name:'Home'}"。

重定向在使用过程中，URL 和页面的内容都会发生改变。例如，在 routes 的配置过程

中，"path:'/a',redirect:'/b'"是指将"/a"重定向到"/b"。当用户访问"/a"时，URL 会被替换成"/b"，页面内容也会匹配为路由"/b"的内容。

　　2）别名

　　vue-router 插件提供了别名访问功能，用户可以通过别名的方式访问指定的某个页面，在采用别名方式访问时，虽然页面的内容被更改为指定路由的内容，但 URL 依旧是用户访问的 URL。

　　别名是在定义路由信息 routes 中使用 alias 属性设置的。例如，在"path:'/a',alias:'/b'"中，当用户访问"/b"时，URL 会保持为"/b"，但是页面内容会匹配为路由"/a"的内容，就像用户在访问"/a"一样。

　　在学习过程中，对知识点进行总结有利于提升学生的学习效率和学习能力。归纳总结的本质是通解、类比和迁移，即找到某类问题的通用解决办法，对于灵活性的问题借用以前类似的知识进行分析解答。在归纳总结的过程中，可以锻炼学生的思维能力，使其对题目理解得更深刻，对知识点掌握得更扎实。某学校制作了一个页面，用于介绍知识点总结的作用和方法，希望学生在平时的学习过程中可以进行归纳总结，认真巩固所学知识，学会知识迁移，提高解题能力。

　　在浏览器中打开页面，由于将"/meaning"的别名设置为"/"，因此当用户访问"/"时，系统自动访问"/meaning"，页面下方会出现有关知识点总结的作用，但是 hash 值不变，还是"#/"，如图 7-7 所示。

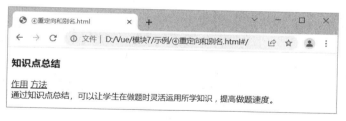

图 7-7　知识点总结页面

　　因为设置"/way"重定向到"/way/induce"，所以当用户单击"方法"链接，访问"/way"时，系统会自动访问"/way/induce"，页面下方会出现有关方法中归纳总结的内容，而且 hash 值变为"#/way/induce"，结果如图 7-8 所示。

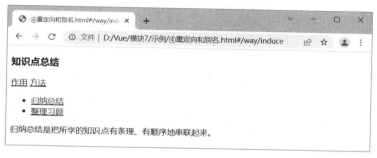

图 7-8　单击"方法"链接后的结果

　　搭建知识点总结页面的主要代码如代码 7-4 所示。

代码 7-4　搭建知识点总结页面的主要代码

```
<div id="app">
    <h3>知识点总结</h3>
    <!-- 使用<router-link>标签进行导航，通过 to 属性指定链接 -->
    <router-link to='/meaning'>作用</router-link>
    <router-link to='/way'>方法</router-link>
    <!-- 路由匹配到的组件将被渲染到<router-view>标签下 -->
    <router-view></router-view>
</div>
<!-- 定义模板内容 -->
<template id="tmp1">
    <div>
        <ul>
            <li><router-link to='/way/induce'>归纳总结</router-link></li>
            <li><router-link to='/way/solutions'>整理习题</router-link></li>
        </ul>
        <router-view></router-view>
    </div>
</template>
<script>
    // 定义组件模板
    const Meaning = { template: '<div>通过知识点总结，可以让学生在做题时灵活运用所学知识，提高做
题速度。</div>' }
    const Way = { template: '#tmp1' }
    const Induce = { template: '<div>归纳总结是把所学的知识点有条理、有顺序地串联起来。</div>' }
    const Solutions = { template: '<div>1. 注重一题多解<br>2. 整理错题集，完善知识体系和思考方式
</div>' }
    // 定义路由信息 routes
    const routes = [
        {path: '/meaning',   // 定义路径
        component: Meaning,   // 定义组件
        alias: '/'   // 别名，当访问"/"时，路由匹配为"/meaning"
        },
        {path: '/way',
        component: Way,
        // 嵌套子路由
        children: [
            {path: "induce", component: Induce},
            {path: "solutions", component: Solutions},
            // 路由重定向，当路径为"/way"时，重定向到路径"/way/induce"
            {path: '/way', redirect: '/way/induce'}
        ]}]
    // 创建 router 实例，传入 routes 配置
```

（续）

```
    const router = new VueRouter({
        routes   // "routes: routes" 的缩写
    })
    // 创建和挂载 Vue 实例
    const app = new Vue({
        el: "#app",
        router   // "router: router" 的缩写
    })
</script>
```

【任务实施】

步骤 1　创建路由实例

首先，定义组件模板，分别为"first""subscriber""sales""visual"。然后，定义路由信息 routes，指定各个路径对应的组件模板，并且设置"/"重定向到"/first"。接着，创建 router 实例，用于传入 routes 配置。最后，创建和挂载 Vue 实例。创建路由实例的主要代码如代码 7-5 所示。

代码 7-5　创建路由实例的主要代码

```
// 定义组件模板
const first = { template: '<div>这是页面首页，用于吸引用户的注意，呈现该网站的重要内容。</div>' }
const subscriber = { template: '<div>这是库存数据管理页面，便于商家管理商品的库存信息。</div>' }
const sales = { template: '<div>这是订单数据管理页面，便于商家在后台中管理用户的订单数据。</div>' }
const visual = { template: '<div>这是可视化分析页面，便于商家直观地分析商品、用户的数据。</div>' }
// 定义路由信息 routes
const routes = [
    // 路由重定向，当路径为"/"时，重定向到路径"/first"
    {path: '/',redirect: '/first'},
    {path: '/first', component: first},
    {path: '/subscriber', component: subscriber},
    {path: '/sales', component: sales},
    {path: '/visual', component: visual}
]
// 创建 router 实例，传入 routes 配置
const router = new VueRouter({
    routes   // "routes: routes" 的缩写
})
// 创建和挂载 Vue 实例
const app = new Vue({
    el: "#app",
    router   // "router: router" 的缩写
})
```

步骤2　在导航菜单中应用路由

基于任务 2.2 的任务实施中实现的导航菜单，添加步骤 1 中创建的路由实例，实现单击导航菜单命令进行页面内容跳转的目的。使用导航菜单的 router 属性，启用导航菜单的 vue-router 模式，该模式会在导航被激活时以 index 作为路径进行路由跳转。

在导航菜单中应用路由的主要代码如代码 7-6 所示。

代码 7-6　在导航菜单中应用路由的主要代码

```
<div id="app">
  <el-container>
    <!--设置外层容器-->
    <!--设置顶栏容器，存放头部信息-->
    <el-header>新零售智能销售数据管理与可视化平台</el-header>
    <el-container>
      <!--设置侧边栏容器，宽度为150px，左侧导航-->
      <el-aside width="150px">
        <el-menu class="left-menu" router>
          <!--设置菜单样式-->
          <!-- 以菜单的 index 作为路径进行路由跳转  -->
          <el-menu-item index="/first"><template>首页</template>
            <!--添加菜单命令-->
          </el-menu-item>
          <!-- 添加菜单命令  -->
          <el-menu-item index="/subscriber"><template>库存数据管理</template>
          </el-menu-item>
          <el-menu-item index="/sales"><template>订单数据管理</template>
          </el-menu-item>
          <el-menu-item index="/visual"><template>可视化分析</template>
          </el-menu-item>
        </el-menu>
      </el-aside>
      <!--主要区域-->
      <el-main>
        <!--路由匹配到的组件将被渲染到<router-view>标签下  -->
        <router-view></router-view>
      </el-main>
    </el-container>
  </el-container>
</div>
<script>
  // 路由实例放置区
</script>
```

> **提示：** 本任务主要是在任务 2.2 的基础上，将主要区域 <el-main> 从原来的固定页面内容更改为 <router-view></router-view>，读者可结合本任务提出的实施步骤完成项目开发。

由于设置了重定向，因此在浏览器中打开页面时，页面显示首页内容，而且 hash 值为"#/first"。为导航菜单应用路由的结果如图 7-9 所示。

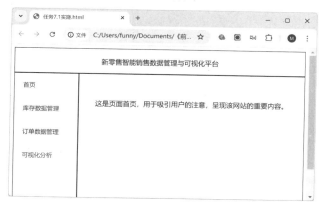

图 7-9　为导航菜单应用路由的结果

单击导航菜单的"库存数据管理"命令，页面的内容和 URL 发生改变，hash 值变为"#/subscriber"，结果如图 7-10 所示。

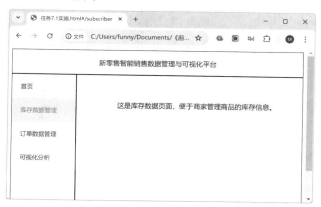

图 7-10　单击"库存数据管理"命令后的结果

任务 7.2　设计基于嵌套路由的页面

【任务描述】

在任务 7.1 中通过 vue-router 插件的使用，实现了单页面内容的跳转。在大多数情况下，页面存在嵌套，例如，在前端可视化项目中设置了首页、商户业务和可视化分析 3 个可跳转页面，商户业务页面下包含库存管理和订单数据管理两个子页面。本任务以任务 7.1 为基础设计基于嵌套路由的页面。

【任务要求】

（1）创建嵌套的路由组件模板，定义嵌套路由信息。
（2）在导航菜单中应用嵌套路由。

【相关知识】

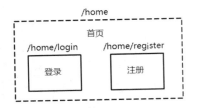

图 7-11 嵌套组件结构

在实际应用中，一些程序的应用页面会由多层嵌套的组件组成，在这种情况下，URL 的片段通常对应特定的嵌套组件结构，如图 7-11 所示。

在"首页"组件中，嵌套了"登录"组件和"注册"组件，对应的 URL 片段分别是"/home/login"和"/home/register"。在 vue-router 插件的应用中，可以使用嵌套路由配置来表达组件之间的嵌套关系。例如，"首页"组件配置的是父路由，"登录"组件和"注册"组件配置的是子路由。

嵌套路由是在定义路由信息 routes 时，使用 children 数组来定义子路由的。children 数组的配置类似于 routes 的路由配置，同样需要设置 path 属性和 component 属性。

在奥林匹克运动会赛场上，由多名运动健儿组成的代表团为国家荣誉和个人荣誉不断拼搏，努力向奖牌发起冲击。他们在赛场上努力的身影，不仅展现了个人实力和风采，更向人们传达了奥运精神的内涵。学生也应该在学习的赛场上积极向上、努力拼搏。为了使学生们更好地了解奥林匹克运动会，某学校通过嵌套路由，搭建了奥林匹克运动会页面来介绍奥林匹克精神及运动健儿。

在浏览器中打开页面，结果如图 7-12 所示。

图 7-12 奥林匹克运动会页面结果

单击"奥林匹克运动会"按钮，按钮下方出现文字内容及两个子路由按钮，hash 值为"#/game"，结果如图 7-13 所示。

图 7-13 单击"奥林匹克运动会"按钮后的结果

　　单击"奥林匹克精神"按钮，按钮下方出现文字内容，hash 值变为"#/game/spirit"，结果如图 7-14 所示。

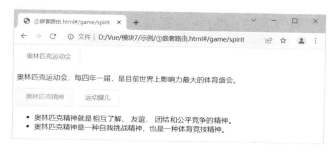

图 7-14　单击"奥林匹克精神"按钮后的结果

　　搭建奥林匹克运动会页面的主要代码如代码 7-7 所示。

代码 7-7　搭建奥林匹克运动会页面的主要代码

```
<div id="app">
    <!-- 使用<router-link>标签进行导航，通过 to 属性指定链接 -->
    <router-link to="/game"><el-button>奥林匹克运动会</el-button></router-link>
    <!-- 路由匹配到的组件将被渲染到<router-view>标签下 -->
    <router-view></router-view>
</div>
<!-- 定义模板内容 -->
<template id="tmp1">
    <div>
        <p>奥林匹克运动会，每四年一届，是目前世界上影响力最大的体育盛会。</p>
        <router-link to="/game/spirit"><el-button>奥林匹克精神</el-button></router-link>
        <router-link to="/game/athlete"><el-button>运动健儿</el-button></router-link>
        <router-view></router-view>
    </div>
</template>
<template id="spirit">
    <ul><li>奥林匹克精神就是相互了解、友谊、团结和公平竞争的精神。</li>
        <li>奥林匹克精神是一种自我挑战精神，也是一种体育竞技精神。</li></ul>
</template>
<template id="athlete">
    <ul>
        <li>苏翊鸣：努力永远不会欺骗人。</li>
        <li>齐广璞：只要你有梦想你肯坚持，年龄不是问题。</li>
    </ul>
</template>
<script>
    // 定义组件模板
    const game = { template: "#tmp1" }
```

（续）

```
    const spirit = { template: "#spirit" }
    const athlete = { template: "#athlete" }
    // 定义路由信息 routes
    const routes = [
        {path: '/game',   // 定义路径
        component: game,   // 定义组件
        // 嵌套子路由
        children: [
            { path: 'spirit', component: spirit },
            { path: 'athlete', component: athlete },
    }}]
    // 创建 router 实例，传入 routes 配置
    const router = new VueRouter({
        routes   // "routes: routes" 的缩写
    })
    // 创建和挂载 Vue 实例
    const app = new Vue({
        el: "#app",
        router   // "router: router" 的缩写
    })
</script>
```

在代码 7-7 中，由于组件的模板内容较多，因此先通过<template>标签定义模板内容，使用 id 属性为模板命名，再以 "{template:"#模板名称"}" 形式构建组件模板。

【任务实施】

步骤 1 创建嵌套的路由组件模板，定义嵌套路由信息

首先定义路由的组件模板，分别为 "home" "first" "saler" "visual"，同时 "saler" 要嵌套子路由的组件模板 "sales" 和 "subscriber"，然后定义路由信息 routes，其中，"/saler" 路由下要定义 children 数组来存放 "sales" 和 "subscriber" 两个子路由，用于指定各个路径对应的模板。创建路由实例的主要代码如代码 7-8 所示。

代码 7-8   创建路由实例的主要代码

```
<!-- 定义嵌套路由的模板 -->
<template id="tmp1">
    <div>
        <div><h3>商户业务</h3></div>
        <router-view></router-view>
    </div>
</template>
```

（续）

```
<script>
  // 定义路由组件模板
  const home = {template: '<div>新零售智能销售数据管理与可视化平台</div>'}
  const first = { template: '<div>这是页面首页，用于吸引用户的注意，呈现该网站的重要内容。</div>' }
  const saler = { template: '#tmp1' }
  const visual = { template: '<div>这是可视化分析页面，让商家能够直观地分析商品、用户的数据。
</div>' }
  // 定义嵌套子路由组件模板
  const subscriber = { template: '<div>这是库存数据管理页面，便于商家管理商品的库存信息。</div>' }
  const sales = { template: '<div>这是订单数据管理页面，便于商家在后台管理用户的订单数据。</div>' }
  // 定义路由信息 routes
  const routes = [
      {path: '/',redirect: '/home'},
      {path: '/home',redirect: '/first', component: home},
      {path: '/first', component: first},
      {path: '/saler', component: saler,
        // 定义嵌套的子路由信息
        children: [
            {path: 'sales', component: sales},
            {path: 'subscriber', component: subscriber}
        ]
      },
      {path: '/visual', component: visual}
  ]
  // ······
</script>
```

步骤 2　在导航菜单中应用嵌套路由

　　导航菜单的设计与任务 7.1 对比，不同的地方是，访问嵌套路由组件内容的菜单链接是两层结构，"库存数据管理"菜单链接是"/saler/subscriber"，"订单数据管理"菜单链接是"/saler/sales"。此外，页面布局设计存在两组<router-view>，其中主要区域<el-main>中的<router-view>用于展示"home""first""saler""visual"组件内容，模板<template id="tmp1">中的<router-view>用于展示嵌套在"saler"组件中的"sales"和"subscriber"子路由组件内容。在导航菜单中应用嵌套路由的主要代码如代码 7-9 所示。

代码 7-9　在导航菜单中应用嵌套路由的主要代码

```
<div id="app">
  <el-container>
    <!-- 设置外层容器-->
    <!--设置顶栏容器，头部信息-->
```

（续）

```
    <el-header>新零售智能销售数据管理与可视化平台</el-header>
    <el-container>
        <!--设置侧边栏容器，宽度为150px，左侧导航-->
        <el-aside width="150px">
            <el-menu class="left-menu" router>
                <!--设置菜单样式-->
                <!-- 以菜单的 index 作为路径进行路由跳转 -->
                <el-menu-item index="/first"><template>首页</template>
                    <!--添加菜单命令-->
                </el-menu-item>
                <!-- 添加菜单命令-->
                <el-menu-item index="/saler/subscriber"><template>库存数据管理</template>
                </el-menu-item>
                <el-menu-item index="/saler/sales"><template>订单数据管理</template>
                </el-menu-item>
                <el-menu-item index="/visual"><template>可视化分析</template>
                </el-menu-item>
            </el-menu>
        </el-aside>
        <!--主要区域-->
        <el-main>
            <!-- 路由匹配到的组件将被渲染到<router-view>标签下 -->
            <router-view></router-view>
        </el-main>
    </el-container>
</el-container>
</div>
<!-- 定义嵌套子路由的模板 -->
<template id="tmp1">
    <div>
        <div><h3>商户业务</h3></div>
        <router-view></router-view>
    </div>
</template>
```

运行代码，当用户单击导航菜单"首页"和"可视化分析"命令跳转到无嵌套路由的组件内容时，展示结果与任务 7.1 中的相同，如图 7-15 所示。

然而，当用户单击嵌套子路由的"库存数据管理"和"订单数据管理"命令时，则显示"saler"模板组件定义的"商户业务"标题，并且嵌套显示"subscriber""sales"两个模板组件的文字内容，如图 7-16 所示（以单击"库存数据管理"命令为例）。

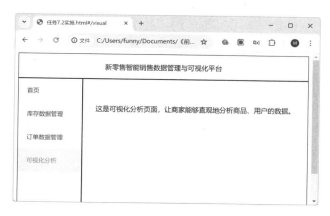

图 7-15　无嵌套路由的组件内容

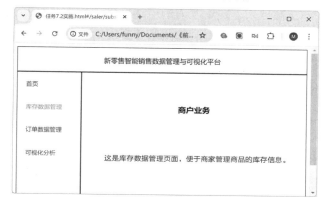

图 7-16　嵌套子路由的组件内容

模块小结

　　路由主要用于实现页面内容的切换与跳转功能。通过路由，网站管理者可以设定访问的网址和方式，方便用户浏览不同的页面信息。本模块首先简单地介绍了路由的基本概念和前后端路由的实现方法。然后介绍了 vue-router 插件的详细内容，让读者能够了解 vue-router 插件的工作原理、对象属性及基础使用。

　　通过本模块的学习，读者能够掌握 vue-router 插件的用法，可以利用 vue-router 插件创建路由，解决实际问题。同时，本模块的相关内容积极引导学生努力学习科学知识、观看新闻报道，在学习和生活中积极向上、勇于拼搏，培养学生尊老爱幼的道德意识。

课后作业

◉1．选择题

（1）使用 CDN 引入的方法引入路由，需要引入（　　　）。

　　A．vue.js 库文件　　　　　　　　　　　　B．vue-router 库文件

C．vue.js 库文件和 vue-router 库文件　　　D．element-ui 库文件

（2）vue-router 插件中存在两种模式，通过设定（　　　）属性来决定采用哪一种模式。

A．mode　　　　　　　B．component　　　　C．path　　　　　　　D．children

（3）在路由对象中可以查询参数的是（　　　）。

A．$route.parmas　　B．$route.matched　　C．$route.query　　　D．$route.router

（4）当为多个视图设置组件模板时，使用的是（　　　）属性。

A．mode　　　　　　　B．component　　　　C．components　　　D．children

（5）使用（　　　）标签渲染路由匹配到的组件。

A．<template>　　　　B．<p>　　　　　　　C．<router-link>　　D．<router-view>

2．操作题

随着社会的发展，交通越来越发达，人们可选择的出行工具也越来越多样化。虽然多样化的出行工具方便了人们的生活，但是也带来了很多安全问题。而交通规则的出现，则减少了交通安全事故的发生，以及对交通参与者生命健康的威胁。因为有交通规则的存在，所以人们在出行的路上也多了一份安全保障。

某学校制作了关于交通规则的网页，希望学生能够更好地了解交通规则的重要性，做到在出行路上遵守交通规则，树立交通文明意识，对自己和他人的生命安全负责。制作交通规则网页的具体操作步骤如下。

（1）创建".html"文件。

（2）在".html"文件中依次引入 vue.js 库文件、vue-router 库文件、element-ui 样式、element-ui 库文件。

（3）使用<template>标签构建两个模板，即"temp1"和"temp2"，内容分别为"遵守交通规则的意义"和"交通安全知识"。

（4）定义组件模板"meaning"和"rule"，并以"{template:'#模板名称'}"形式分别传入"temp1"模板和"temp2"模板。

（5）定义路由信息 routes。设置路由"/meaning"的组件模板为"meaning"，路由"/rule"的组件模板为"rule"，并将路径"/"重定向到"/meaning"。

（6）创建 router 实例，传入 routes 配置。

（7）创建和挂载 Vue 实例。

（8）使用 Element UI 对页面进行布局，添加侧边栏容器和主要区域容器。

（9）在侧边栏容器中添加导航菜单，并添加两个菜单命令，分别为"遵守交通规则的意义"和"交通安全知识"。

（10）使用导航菜单的 router 属性，启用导航菜单的 vue-router 模式，并将菜单命令"遵守交通规则的意义"和"交通安全知识"中的 index 分别设置为"/meaning"和"/rule"。

（11）在主要区域容器中使用<router-view>标签进行渲染。

（12）设置容器样式。

模块 8 设计新零售智能销售平台的统计图表
——ECharts 的应用

　　从前某国有位使者，不远千里跨越多个地区表达与其他国家合作共赢的愿景。有一次，使者由于语言障碍无法表述清楚与其他国家合作的情况，匆忙之下拿起纸笔绘制了相关的合作比率图表，国王顿时茅塞顿开。可见，图表在一定程度上不仅能够展示信息，还能够建立有效的沟通机制。

　　ECharts 作为一个开源且免费的可视化工具，深受人们的喜爱。使用 ECharts 可以绘制多种类型的图表，其中较常见的有柱状图、折线图和饼图。本章主要介绍如何快速创建一张 ECharts 图表、图表中配置项的使用方法，以及柱状图、折线图、饼图和折线柱状混合图的绘制方法。

【教学目标】

1. 知识目标

（1）了解 ECharts 图表的创建过程。
（2）熟悉配置手册的使用方法。
（3）熟悉柱状图、折线图、饼图和折线柱状混合图的使用场景。
（4）掌握柱状图、折线图、饼图和折线柱状混合图的绘制方法。

2. 技能目标

（1）能够使用配置项丰富图表内容。
（2）能够使用 ECharts 绘制各种常见形式的柱状图。
（3）能够使用 ECharts 绘制各种常见形式的折线图。
（4）能够使用 ECharts 绘制各种常见形式的饼图。
（5）能够使用 ECharts 绘制折线柱状混合图。

3. 素养目标

（1）引导学生积极关注科技发展动态，与时俱进、开拓创新。
（2）引导学生树立正确的学习观念，扎实学习、稳步推进。
（3）培养学生勇于探索的不屈精神，增强学生进行实践操作的积极性。

任务 8.1 初创一张 ECharts 图表

【任务描述】

新零售智能销售设备是商业自动化的常用设备，它不受时间、地点的限制，能节省人力、方便交易。为有效管理新零售智能销售产生的数据，某商家设计了新零售智能销售数据管理与可视化平台，并在该平台上放置了相关的可视化图表以便直观地观察销售情况。

经过对新零售智能销售数据管理与可视化平台后台的统计，商家得出了库存数据中销售量排名前 10 的商品及其销售量数据，如表 8-1 所示。为了做好后期的商品采购工作，商家需要将统计出的销售量数据进行可视化分析，并将可视化结果添加至新零售智能销售数据管理与可视化平台的首页中，如图 8-1 所示。通过在首页中对商品销售量数据进行可视化展示，能够使商家在进入平台的开端便大概知晓新零售智能销售业务类型的范畴及其销售量情况。

表 8-1 库存数据中销售量排名前 10 的商品及其销售量数据

商 品 名 称	销售量（件）	商 品 名 称	销售量（件）
营养快线	6574	劲仔小鱼仔	7744
雪碧	6777	红牛	7910
农夫山泉	6785	康师傅冰红茶	8561
王老吉	7225	阿萨姆奶茶	9517
果粒橙	7646	东鹏特饮	11 777

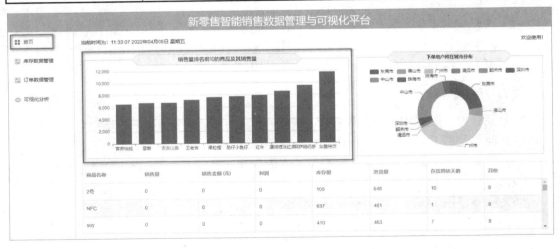

图 8-1 销售量排名前 10 的商品及其销售量可视化图表的添加详情

【任务要求】

创建 ECharts 图表分析销售量排名前 10 的商品及其销售量。

【相关知识】

初创一张 ECharts
图表

在模块 1 中介绍了如何创建一个项目和引入 ECharts 可视化库等，为创建 ECharts 图表做好了前期准备工作，而想要创建一张完整的 ECharts 图表，还需要执行如下几个步骤。

（1）准备一个设置了大小（width 与 height）的 div 容器。因为 ECharts 图表是基于 DOM 进行绘制的，所以在绘制图表前要先绘制一个 DOM 容器 div 来承载图表。当添加了 div 容器后，需要设置它的基本属性：宽（width）与高（height）。这两个属性决定了所绘制图表的大小。绘制一个 div 容器并设置容器的属性，如代码 8-1 所示。当然，容器可以设置的属性并不仅限于宽与高，还可以设置其他属性，如定位等。

代码 8-1   绘制 div 容器并设置容器的属性

```
<body>
    <!--为 ECharts 准备一个设置了大小（width 与 height）的 div 容器-->
    <div id = "main" style = "width: 600px; height: 400px"></div>
</body>
```

（2）使用 echarts.init()方法初始化容器。基于用<div>标签定义的 div 容器，通过 echarts.init()方法初始化容器（即 ECharts 实例），如代码 8-2 所示。

代码 8-2   初始化容器

```
<script>
    //基于准备好的 div 容器，初始化 ECharts 实例
    var myChart = echarts.init(document.getElementById("main"));
</script>
```

（3）设置图表的配置项和数据。setOption 的设置是 ECharts 中的重点和难点，其在决定绘制的图形形式的同时，还同步执行图表的绘制动作。setOption 中常见的配置项及其属性将在任务 8.2 中进行详细说明。

"民以食为天"，食品一直是消费品行业中十分重要且市场规模庞大的品类，但有一点需注意，"食以安为先"。商家或企业在进行食品制造或出售时，需遵守食品安全法律法规，共同维护自身和他人的合法权益。某企业为了解 2021 年部分省份的食品销售量，做好销售评估工作，对数据进行了可视化，以便直观地查看数据信息，其中，数据详情如表 8-2 所示。

表 8-2   2021 年部分省份的食品销售量数据详情

省 份 名 称	销售量（万件）	省 份 名 称	销售量（万件）
安徽	263	江西	215
福建	330	上海	443
江苏	258	浙江	141

通过设置 setOption 配置项绘制一张简单的柱状图来展示食品销售量情况，如代码 8-3 所示。

代码 8-3 设置图表的配置项和数据

```
//设置图表的配置项和数据
$.get("data/2021 年部分省份食品销售量.json").done(function (data) {
myChart.setOption({
   xAxis: { data: data.province }, //配置 x 轴坐标系
   yAxis: {}, //配置 y 轴坐标系
   series: [{ //配置系列列表，每个系列通过 type 控制该系列的图表类型
      name: '销售量',
      type: 'bar', //设置柱状图
      data: data.sales
   }]
   })
});
```

绘制简单图表的完整代码如代码 8-4 所示。

代码 8-4 绘制简单图表的完整代码

```
<!DOCTYPE html>
<html>
<head>
  <meta charset="utf-8">
  <!--引入 ECharts 库文件-->
  <script src="js/echarts.js"></script>
  <script type="text/javascript" src='js/jquery.min.js'></script>
</head>
<body>
  <!--为 ECharts 准备一个设置了大小（width 和 height）的 div 容器-->
  <div id="main" style="width: 600px; height: 400px"></div>
  <script type="text/javascript">
    //基于准备好的 div 容器，初始化 ECharts 实例
    var myChart = echarts.init(document.getElementById("main"));
    //设置图表的配置项和数据
    $.get("data/2021 年部分省份食品销售量.json").done(function (data) {
    myChart.setOption({
       xAxis: { data: data.province }, //配置 x 轴坐标系
       yAxis: {}, //配置 y 轴坐标系
       series: [{ //配置系列列表，每个系列通过 type 控制该系列的图表类型
          name: '销售量',
          type: 'bar', //设置柱状图
          data: data.sales
       }]
       })
    });
  </script>
</body>
</html>
```

完成以上 3 个步骤后，需要在网页中打开并展示 ECharts 图表。首先打开 Google 浏览器；其次在 Visual Studio Code 的扩展页面中搜索名为"open in browser"的扩展并进行安装；安装完毕后右击需要打开的网页文件名，在弹出的快捷菜单中选择"Open In Default Browser"命令（注意：默认浏览器需为 Google 浏览器，若默认浏览器不是 Google 浏览器，则需要选择"Open In Other Browser"命令使用 Google 浏览器），即可成功打开该网页文件。绘制完成的简单柱状图如图 8-2 所示。

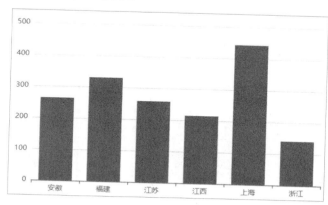

图 8-2　简单柱状图

📑【任务实施】

初创一张 ECharts
图表（任务实施）

步骤　创建 ECharts 图表分析销售量排名前 10 的商品及其销售量

根据表 8-1 中的数据，使用 ECharts 绘制一张简单的柱状图以更好地展示销售量排名前 10 的商品及其销售量，主要代码如代码 8-5 所示。

代码 8-5　绘制简单柱状图展示销售量排名前 10 的商品及其销售量的主要代码

```
$.get("data/库存数据中销售量排名前 10 的商品及其销售量.json").done(function (data) {
myChart.setOption({
  tooltip: {},
  xAxis: { //配置 x 轴坐标系
    data: data.product_name,
    axisLabel: {interval: 0} //显示所有 x 轴坐标值
    },
  yAxis: {}, //配置 y 轴坐标系
  series: [{ //配置系列列表
    name: '销售量',
    type: 'bar',
    data: data.sales
  }]
  })
});
```

> **提示**：在编写代码时，建议将每行代码对应的功能进行简单的注释，这样可以更好地理解代码和巩固所学知识。

运行代码 8-5 的结果如图 8-3 所示。

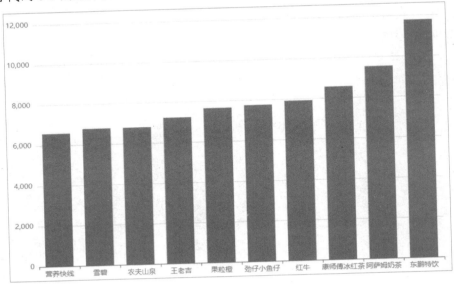

图 8-3 展示销售量排名前 10 的商品及其销售量的柱状图

由图 8-3 可知，销售量排名前 10 的商品大多为饮料类，因此商家可多加关注饮料类商品的销售情况，进一步做好商品采购和补给等工作。

任务 8.2 使用配置手册

【任务描述】

新零售智能销售数据管理与可视化平台作为新零售智能销售信息的重要展示平台，其所展示的信息不仅包含商品本身的销售情况，还包含购买用户的基本信息。当前，新零售智能销售企业的运营状况受诸多因素的影响。例如，商品本身的销售量和销售金额会影响企业的收益；用户的类型分布会影响企业对用户画像的构建，进而影响企业服务体系的搭建。

经过对新零售智能销售数据管理与可视化平台后台的统计，商家得出了 4—9 月份库存数据中的销售量和销售金额数据，以及 4—9 月份订单数据中的各个下单用户类型数量分布，数据详情分别如表 8-3 和表 8-4 所示。为了解商品的销售情况及用户类型的分布情况，需要绘制相关的图表进行信息展示与分析，另外，还可为图表配置相关组件实现美化效果，从而更加全面和精准地制定营销策略。其中，为使新零售智能销售数据管理与可视化平台能够展现购买用户的信息，会将用户类型数量分布情况的可视化图表添加至新零售智能销售数据管理与可视化平台的可视化分析页面中，如图 8-4 所示。

表 8-3　4—9 月份库存数据中的销售量和销售金额数据

月　　份	销售量（件）	销售金额（元）	月　　份	销售量（件）	销售金额（元）
4 月	2094	11 340.63	7 月	46 058	197 325.06
5 月	43 163	171 980.87	8 月	47 186	207 171.21
6 月	42 507	178 871.47	9 月	51 994	232 960.62

表 8-4　4—9 月份订单数据中的各个下单用户类型数量分布

月　　份	活跃用户（人）	流失用户（人）	潜在用户（人）	一般用户（人）
4 月	201	692	706	488
5 月	4144	15 383	15 279	10 727
6 月	4614	16 456	16 277	11 613
7 月	6592	24 261	23 878	16 948
8 月	6556	23 987	23 874	17 044
9 月	5998	22 288	21 813	15 478

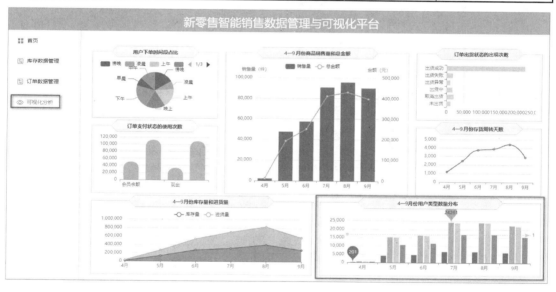

图 8-4　用户类型数量分布可视化图表的添加详情

【任务要求】

（1）绘制带有网格、坐标轴和图例的折线柱状混合图。

（2）绘制带有提示框、标记点和标记线的柱状图。

【相关知识】

使用配置手册（ECharts
基础架构及常用术语、
直角坐标系下的网格及
坐标轴）

8.2.1　ECharts 基础架构及常用术语

在使用 ECharts 进行图表开发之前，需要先对 ECharts 的基础架构和常用术语进行了解，才能更好地掌握 ECharts 绘图过程。

1. ECharts 的基础架构

如果使用 DIV 或 CSS 在浏览器中画图，那么只能画出简单的矩形或圆形。如果需要绘制比较复杂的可视化图表，目前有两种技术解决方案：Canvas 和 SVG。Canvas 是基于像素点的画图技术，用户可以通过使用各种不同的画图函数，在 Canvas 画布上任意绘画。SVG 与 Canvas 完全不同，SVG 是基于对象模型的画图技术，将若干个标签组合为一张图表，它的特点是高保真，即使放大边缘也不会出现锯齿。Canvas 和 SVG 各有优劣。ECharts 是基于 Canvas 技术进行图表绘制的，准确地说，ECharts 的底层依赖于轻量级的 Canvas 类库 ZRender，ZRender 通过 Canvas 绘图时会调用 Canvas 的一些接口，ZRender 也是百度团队的作品。通常情况下，在使用 ECharts 开发图表时，并不会直接涉及 ZRender。ECharts 的基础架构（底层基础库是 Canvas 类库 ZRender）如图 8-5 所示。

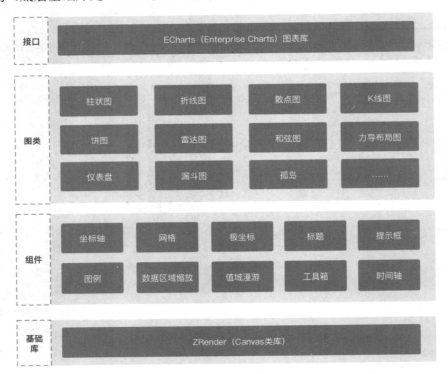

图 8-5　ECharts 的基础架构

在 ECharts 基础架构基础库的上层，有 3 个模块：组件、图类和接口。

组件模块包含坐标轴（axis）、网格（grid）、极坐标（polar）、标题（title）、提示框（tooltip）、图例（legend）、数据区域缩放（dataZoom）、值域漫游（dataRange）、工具箱（toolbox）和时间轴（timeline）。ECharts 的图类模块有近 30 种，常用的图类有柱状图（bar）、折线图（line）、散点图（scatter）、K 线图（k）、饼图（pie）、雷达图（radar）、仪表盘（gauge）、漏斗图（funnel）等。图类与组件共同组成了一张图表。

● 2．ECharts 的常用术语

ECharts 的常用术语主要包含两个部分：基本名词和图表名词。熟练掌握 ECharts 的常用术语，在运用时能够事半功倍。

1）ECharts 的基本名词

在 ECharts 中进行图表开发时主要以英文表达为主，因此掌握 ECharts 的基本名词是使用 ECharts 的基础。ECharts 的基本名词如表 8-5 所示，后续将会对常见的名词进行详细介绍。

表 8-5　ECharts 的基本名词

名　　词	描　　述
title	标题组件，用于设置图表的标题
xAxis	直角坐标系中的 x 轴
yAxis	直角坐标系中的 y 轴
grid	直角坐标系中除坐标轴外的绘图网格，用于定义直角坐标系的整体布局
legend	图例组件，用于表述数据和图形的关联
markPoint	标记点，用于标记图表中特定的点
markLine	标记线，用于标记图表中特定的值
dataZoom	数据区域缩放，用于在展现大量数据时选择可视范围
visualMap	视觉映射组件，用于将数据映射到视觉元素上
toolbox	工具箱组件，用于为图表提供辅助功能，如添加标线、框选缩放等
tooltip	提示框组件，用于展现更详细的数据
timeline	时间轴，用于展现同一系列数据在时间维度上的多份数据
series	系列列表，一张图表可能包含多个系列列表，每个系列列表可能包含多个数据

2）ECharts 的图表名词

在 ECharts 中进行图表开发时，核心的工作是对 setOption 配置项和属性进行设置。其中，最重要的一个属性是在系列列表（series）中用于表示图表类型的 type。因此，我们需要对 ECharts 中常见的图表类型有一个大致的了解，特别是图表名词。ECharts 的常见图表名词如表 8-6 所示。

表 8-6　ECharts 的常见图表名词

名　　词	描　　述
line	折线图，用于显示数据随时间或有序类别而变化的趋势
bar	柱状图，用于显示一段时间内的数据变化或各项之间的比较情况
pie	饼图或圆环图，用于对比几个数据在其形成的总和中所占的百分比
scatter	散点图或气泡图，用于显示数据点的分布情况
radar	雷达图，用于表现多变量的数据
tree	树图，用于展示树形数据结构中各节点的层级关系
treemap	矩形树图，用于展示树形数据结构
heatmap	热力图，用于展现密度分布信息
funnel	漏斗图，用于展现数据经过筛选、过滤等流程处理后发生的变化
gauge	仪表盘，用于展现关键指标数据
wordCloud	词云图，用于对文本中出现频率较高的"关键词"进行视觉化展现

8.2.2 直角坐标系下的网格及坐标轴

在 ECharts 的直角坐标系下有两个重要的组件：网格（grid）和坐标轴（axis）。

1. 直角坐标系下的网格

ECharts 中的网格是直角坐标系下用于定义网格的布局、大小及颜色的组件，可定义直角坐标系的整体布局。ECharts 中网格组件的属性如表 8-7 所示，其中用于定义网格布局和大小的 6 个网格组件属性如图 8-6 所示。

表 8-7　网格组件的属性

属　　性	默　认　值	描　　述
{number} zlevel	0	一级层叠控制,每个不同的 zlevel 将产生一个独立的 canvas 对象,相同 zlevel 组件或图将在同一个 canvas 对象上被渲染。zlevel 越高越靠近顶层，canvas 对象会增多，会消耗更多内存和性能，因此并不建议设置过多的 zlevel，大部分情况下可以通过二级层叠控制 z 实现层叠控制
{number} z	2	二级层叠控制，在同一个 canvas 对象（相同 zlevel）上，z 越高越靠近顶层
{number|string} x	80	直角坐标系内绘图网格左上角 x 轴坐标，数值单位为 px，支持百分比（字符串），如'50%'（显示区域横向中心）
{number|string} y	60	直角坐标系内绘图网格左上角 y 轴坐标，数值单位为 px，支持百分比（字符串），如'50%'（显示区域纵向中心）
{number|string} x2	80	直角坐标系内绘图网格右上角 x 轴坐标，数值单位为 px，支持百分比（字符串），如'50%'（显示区域横向中心）
{number|string} y2	0	直角坐标系内绘图网格右下角 y 轴坐标，数值单位为 px，支持百分比（字符串），如'50%'（显示区域纵向中心）
{number} width	自适应	直角坐标系内绘图网格（不含坐标轴）宽度，数值单位为 px，指定 width 后将忽略 x2（见图 8-6），支持百分比（字符串），如'50%'（显示区域一半的宽度）
{number} height	自适应	直角坐标系内绘图网格（不含坐标轴）高度，数值单位为 px，指定 height 后将忽略 y2（见图 8-6），支持百分比（字符串），如'50%'（显示区域一半的高度）
{color} backgroundColor	'transparent'	背景颜色
{number} borderWidth	1	网格的边框宽度
{color} borderColor	'#ccc'	网格的边框颜色

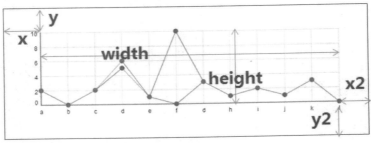

图 8-6　用于定义网格布局和大小的 6 个网格组件属性

正如表 8-7 和图 8-6 所示，可使用 6 个主要属性定义网格布局和大小。其中，x 与 y 用于定义网格左上角的位置；x2 与 y2 用于定义网格右下角的位置；width 与 height 用于定义网格的宽度和高度，指定 width 后将忽略 x2，指定 height 后将忽略 y2。

　　气温的变化在很多领域中一直备受关注，如作物生产、水资源利用等。因此，了解气温变化，提前做好应对准备，有利于保护我们自身和自然环境。某一时间未来一周的气温变化情况如表 8-8 所示。

表 8-8　某一时间未来一周的气温变化情况

星　　期	气温（℃）	星　　期	气温（℃）
周一	6	周五	12
周二	10	周六	5
周三	14	周日	4
周四	13		

　　利用表 8-8 中某一时间未来一周的气温变化数据绘制折线图，并为图表配置网格组件，如图 8-7 所示。

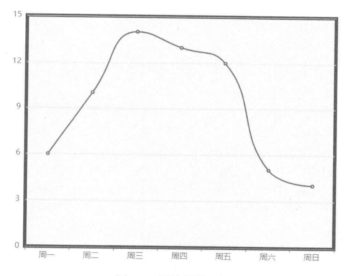

图 8-7　网格组件示例

本例中网格的边框宽度为 5px。

在 ECharts 中实现如图 8-7 所示图表的绘制，主要代码如代码 8-6 所示。

代码 8-6　网格组件示例的主要代码

```
$.get("data/某一时间未来一周的气温变化情况.json").done(function (data) {
myChart.setOption({
    grid: { //配置网格组件
        show: true, //设置网格组件是否显示
        x: 25, y: 66, //设置网格左上角的位置
        width: '93%', height: '80%', //设置网格的宽度和高度
        x2: 100, y2: 100, //设置网格右下角的位置
        borderWidth: 5, //设置网格的边框宽度
        borderColor: 'red', //设置网格的边框颜色
```

（续）

```
        backgroundColor: '#f7f7f7', //设置整个网格的背景颜色
    },
    xAxis: [{data: data.weeks}],//配置 x 轴坐标系
    yAxis: [{}],//配置 y 轴坐标系
    series: [ //配置系列列表
        {
            name: '气温', smooth: true,
            type: 'line',
            data: data.temperature
        }]
    })
});
```

在代码 8-6 中，需要重点观察 grid 节点中的代码段，由于设置了 width、height，因此系统将自动忽略 x2、y2 的设置。

2. 直角坐标系下的坐标轴

直角坐标系下有 3 种类型的坐标轴（axis）：类目型（category）、数值型（value）和时间型（time）。

（1）类目型：必须指定类目列表，坐标轴内有且仅有这些指定类目列表。

（2）数值型：需要指定数值区间，如果没有指定，那么系统将自动计算从而确定数值计算范围，坐标轴内包含数值区间内的全部坐标。

（3）时间型：时间型坐标轴的用法与数值型坐标轴的用法非常相似，它会随着时间跨度的不同而自动切换需要显示的时间粒度。例如，当时间跨度为一年时，系统将自动显示以月为单位的时间粒度；当时间跨度为几个小时时，系统将自动显示以分钟为单位的时间粒度。

坐标轴组件的常用属性如表 8-9 所示。其中，某些属性仅对特定的类型有效，读者在使用时需注意其适用类型。坐标轴组件常用属性示意图如图 8-8 所示。

表 8-9　坐标轴组件的常用属性

属　　性	默　认　值	描　　　述
{string} type	'category'|'value'	坐标轴类型，x 轴默认为类目型'category', y 轴默认为数值型'value'
{boolean} show	true	是否显示坐标轴，可选值为 true（显示）|false（隐藏）
{string} position	'bottom'|'left'	坐标轴的位置，x 轴默认为类目型'bottom', y 轴默认为数值型'left', 可选值为'bottom'|'top'|'left'|'right'
{string} name	' '	坐标轴名称
{string} nameLocation	'end'	坐标轴名称的位置，可选值为'start'|'middle'|'center'|'end'
{Object} nameTextStyle	{}	坐标轴名称的文字样式，颜色与 axisLine 主色一致
{boolean} boundaryGap	true	类目起始和结束两端的空白策略，默认为 true（留空），false 表示顶头
{Array} boundaryGap	[0, 0]	坐标轴两端的空白策略，为一个包含两个值的数组，分别表示数据最小值和最大值的延伸范围，可以直接设置数值或相对的百分比，在设置 min 和 max 后该配置项无效

续表

属　　性	默　认　值	描　　述
{number} min	null	指定的最小值，系统会自动根据具体数值进行调整，指定后将忽略 boundaryGap[0]
{number} max	null	指定的最大值，系统会自动根据具体数值进行调整，指定后将忽略 boundaryGap[1]
{boolean} scale	false	是否脱离 0 值比例，设置成 true 后坐标轴刻度不会强制包含零刻度，在设置 min 和 max 之后该配置项无效
{number} splitNumber	null	分割段数，不指定时根据 min、max 算法进行调整（见图 8-8）
{Object} axisLine	各异	坐标轴线（见图 8-8）
{Object} axisTick	各异	坐标轴刻度标记（见图 8-8）
{Object} axisLabel	各异	坐标轴文本标签（见图 8-8）
{Object} splitLine	各异	分隔线（见图 8-8）
{Object} splitArea	各异	分隔区域（见图 8-8）
{Array} data	[ ]	类目列表，也可作为 label（标签属性）内容

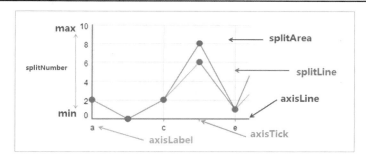

图 8-8　坐标轴组件常用属性示意图

随着科技的进步，降水量被广泛应用于水资源的合理利用和评价农作物需水和生产管理等的研究中。而近几十年来，气候发生了明显的变化，探讨气候变化和水循环领域中的科学问题，做出合理的应对策略，对进一步实现人与自然的和谐共处具有重要意义。某地区某一年的月平均降水量和最高气温数据如表 8-10 所示。

表 8-10　某地区某一年的月平均降水量和最高气温数据

月　　份	平均降水量（mm）	最高气温（℃）	月　　份	平均降水量（mm）	最高气温（℃）
1 月	2.6	12.0	7 月	175.6	28.3
2 月	5.9	12.2	8 月	182.2	33.4
3 月	9.0	13.3	9 月	48.7	31.0
4 月	26.4	14.5	10 月	18.8	24.5
5 月	28.7	16.3	11 月	6.0	18.0
6 月	70.7	18.2	12 月	2.3	16.2

利用表 8-10 中某地区某一年的月平均降水量和最高气温数据绘制双 y 轴的折线柱状混合图，并设置坐标轴的相关属性，如图 8-9 所示。

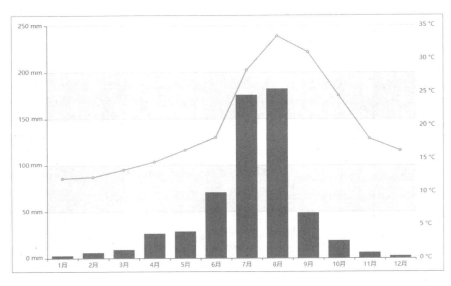

图 8-9　坐标轴组件示例

在 ECharts 中实现如图 8-9 所示图表的绘制，主要代码如代码 8-7 所示。

代码 8-7　坐标轴组件示例的主要代码

```
$.get("data/某地区某一年的月平均降水量和最高气温.json").done(function (data) {
myChart.setOption({
  xAxis: [ //配置 x 轴坐标系
        { data: data.month } //指定 x 轴上的类目数据
    ],
  yAxis: [ //配置 y 轴坐标系
        { //指定第一条 y 轴上的数值型数据及格式
         boundaryGap: [0, 0.1],
         axisLine: { show: true }, //设置第一条 y 轴上的坐标轴线
         axisTick: { show: true }, //设置第一条 y 轴上的刻度标记
         axisLabel: { show: true, formatter: '{value} ml' }, //设置第一条 y 轴上的文本标签
         splitLine: { show: true }, //设置第一条 y 轴上的分隔线
         splitArea: { show: true } //设置第一条 y 轴上的分隔区域
        },
        { //指定第二条 y 轴上的数值型数据及格式
         type: 'value',
         axisLabel: { formatter: '{value} °C' },
         splitLine: { show: false } //设置第二条 y 轴上的分隔线
        }],
   series: [ //配置系列列表
        { //第一组数据: '平均降水量'
         name: '平均降水量', type: 'bar',
         data: data.precipitation
        },
```

（续）

```
    { //第二组数据：'最高气温'
      name: '最高气温', type: 'line',
      yAxisIndex: 1, //指定使用第二条 y 轴（右侧）
      data: data.Maximum_temperature
    }]
  })
});
```

8.2.3　图例组件

使用配置手册（图例组件、提示框组件、标记点和标记线）

　　图例（legend）组件是 ECharts 中较为常用的组件，它以不同的颜色或形状来区分系列标记的名字，表现数据与图形的关联。用户在操作时，可以通过单击图例来控制数据系列显示或不显示。单个 ECharts 实例中可以存在多个图例组件，以方便用户对多个图例的布局，而当图例数量过多时，可以使用滚动翻页功能。在 ECharts 中，图例组件的属性如表 8-11 所示。图例组件常用属性示意图如图 8-10 所示。

表 8-11　图例组件的属性

属　　性	默　认　值	描　　述
{boolean} show	true	是否显示图例，可选值为 true（显示）|false（隐藏）
{string} type	'plain'	图例的类型，可选值为'plain'（普通）|'scroll'（可滚动翻页）
{number} zlevel	0	同表 8-7 中的描述
{number} z	2	同表 8-7 中的描述
{string} orient	'horizontal'	布局方式，可选值为'horizontal'|'vertical'
{string|number} x	'center'	水平放置位置，单位为 px，可选值为'center'|'left'|'right'|{number}
{string|number} y	'top'	垂直放置位置，单位为 px，可选值为'top'|'bottom'|'center'|{number}
{color} backgroundColor	'transparent'	图例背景颜色（见图 8-10）
{string} borderColor	'#ccc'	图例边框颜色（见图 8-10）
{number} borderWidth	0	图例边框宽度（见图 8-10），单位为 px
{number|Array} padding	5	图例内边距（见图 8-10），单位为 px，接受以数组格式分别设定上右、下左边距，同 CSS
{number} itemGap	10	各个数据项（item）之间的间隔，单位为 px，横向布局时为水平间隔（见图 8-10），纵向布局时为纵向间隔
{number} itemWidth	25	图例标记的图形宽度
{number} itemHeight	14	图例标记的图形高度
{Object} textStyle	{color: '#333'}	图例的公用文本样式，可设 color 为'auto'
{string|Function} formatter	null	用于格式化图例文本，支持字符串模板和回调函数两种形式
{boolean|string} selectedMode	true	选择模式，可选值为 single|multiple
{Object} selected	null	图例默认选中状态表，可配合使用 LEGEND.SELECTED 事件做动态数据载入

属　　性	默 认 值	描　　述
{Array} data	[ ]	图例的数据数组，数组项通常为字符串，每项代表一个系列的name，默认布局到达边缘时会自动分行（列），传入空字符串""，可实现手动分行（列）根据该值索引series中同名系列所用的图表类型和itemStyle（标记图形样式属性），如果索引不到，该属性项将默认为未启用状态。如果需要对图例文字样式进行个性化设置，则可将数组项改为{Object}，指定文本样式和个性化图例icon，格式为{name : {string}, textStyle : {Object}, icon : {string}}

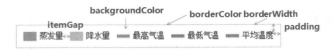

图 8-10　图例组件常用属性示意图

利用某地区某一周的蒸发量、最低气温和最高气温数据绘制折线柱状混合图，数据详情如表 8-12 所示，并为图表配置图例组件，如图 8-11 所示。

表 8-12　某地区某一周的蒸发量、最低气温和最高气温数据

星期	蒸发量（mm）	最低气温（℃）	最高气温（℃）	星期	蒸发量（mm）	最低气温（℃）	最高气温（℃）
周一	2.0	2	8	周五	25.6	3	25.1
周二	4.9	1	10.8	周六	29.6	5	28.1
周三	7.0	2	15.3	周日	35.2	10	31.3
周四	23.2	4	19				

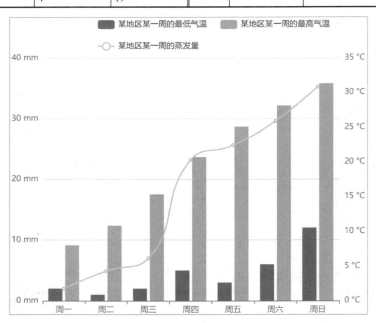

图 8-11　图例组件示例

在 ECharts 中实现如图 8-11 所示图表的绘制，主要代码如代码 8-8 所示。

代码 8-8　图例组件示例的主要代码

```
$.get("data/某地区某一周的蒸发量、最低气温和最高气温.json").done(function (data) {
myChart.setOption({
  legend: {
    x: 130,
    y: -5,
    padding: 6,
    itemGap: 20,
    //type: 'scroll'
  },
  xAxis: { data: data.weeks }, //配置 x 轴坐标系
  yAxis: [ //配置 y 轴坐标系
    { //设置第一条 y 轴
      type: 'value',
      axisLabel: { formatter: '{value} ml' }
    },
    { //设置第二条 y 轴
      type: 'value',
      axisLabel: { formatter: '{value} °C' },
      splitLine: { show: false }
    }],
  series: [ //配置系列列表
    { //设置系列列表 1
      name: '某地区某一周的蒸发量', type: 'bar',
      data: data.Evaporation
    },
    { //设置系列列表 2
      name: '某地区某一周的最高气温', type: 'bar',
      data: data.temperature_L
    },
    { //设置系列列表 3
      name: '某地区某一周的最低气温', smooth: true,
      type: 'line', yAxisIndex: 1, data: data.temperature_H
    }]
    })
});
```

当图例数量过多或图例内容过多时，可以使用垂直滚动翻页或水平滚动翻页功能，参见属性 legend.type。此时，设置 type 属性值为"scroll"，表示图例只显示为一行，多余的部分会自动呈现为滚动效果。只需将代码 8-8 的"//type: 'scroll'"中的"//"去除即可，如图 8-12 所示。

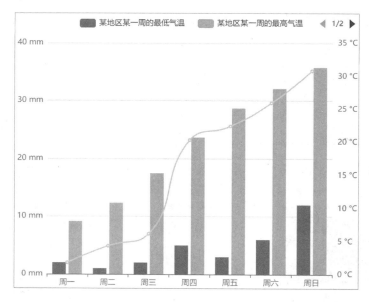

图 8-12　图例组件（滚动翻页效果）示例

图 8-12 中右上角的 ◀1/2▶ 滚动翻页图标，可以将图例呈现为滚动翻页效果。

8.2.4　提示框组件

提示框（tooltip）组件是一个功能强大的组件，当鼠标指针滑过图表中的数据标签时，系统会自动弹出一个小窗体，展现更详细的数据。有时为了更友好地显示数据内容，用户还需要对显示的数据内容进行格式化处理，或添加自定义内容。提示框组件的属性如表 8-13 所示。在提示框组件中，常用的属性是 trigger 属性。

表 8-13　提示框组件的属性

属　　性	默 认 值	描　　述
{boolean} show	true	是否显示提示框组件，可选值为 true（显示）|false（隐藏）
{number} zlevel	0	同表 8-7 中的描述
{number} z	2	同表 8-7 中的描述
{boolean} showContent	true	是否显示提示框浮层，只需要 tooltip 触发事件或显示 axisPointer，而不需要显示内容时可配置该属性值为 false，可选值为 true（显示）|false（隐藏）
{string} trigger	'item'	触发类型，可选值为'item'|'axis'|'none'
{Array|Function} position	null	提示框浮层的位置，在默认情况下，该位置会跟随鼠标指针的位置改变
{string|Function} formatter	null	提示框浮层内容格式器，支持字符串模板和回调函数两种形式
{number} showDelay	0	提示框浮层显示的延迟，添加显示延迟可以避免提示框被频繁切换，特别是在详情内容需要异步获取的场景中，单位为 ms
{number} hideDelay	100	提示框浮层隐藏的延迟，单位为 ms

续表

属　　　性	默　认　值	描　　　述
{number} transitionDuration	0.4	提示框浮层的移动动画过渡时间，单位为 s，当设置为 0 时，提示框浮层会紧跟着鼠标指针移动
{boolean} enterable	false	鼠标指针是否可进入提示框浮层中，当需要在提示框详情内进行交互时，如添加链接、按钮，可设置为 true
{color} backgroundColor	'rgba(50,50,50,0.7)'	提示框浮层的背景颜色
{string} borderColor	'#333'	提示框浮层的边框颜色
{number} borderRadius	4	提示框圆角半径，单位为 px
{number} borderWidth	0	提示框浮层的边框宽度，单位为 px
{number|Array} padding	5	提示框浮层内边距，单位为 px，接受以数组格式分别设定上右、下左边距，同 CSS
{Object} axisPointer	Object（省略）	坐标轴指示器配置项，可选值为'line'|'cross'|'shadow'|'none'（无），指定 type 后对应 style 生效
{Object} textStyle	{color:'#fff'}	提示框浮层的文本样式

O2O（Online To Offline，线上到线下）是电商平台的主要商业模式，某电商平台商家积极拓展线下渠道，某一周的线上、线下收入数据如表 8-14 所示。

表 8-14　某商家某一周的线上、线下收入数据

星　　　期	线上收入（万元）	线下收入（万元）	星　　　期	线上收入（万元）	线下收入（万元）
周一	862	332	周五	1400	330
周二	1018	301	周六	1564	320
周三	964	334	周日	980	246
周四	1026	390			

利用表 8-14 中某商家某一周的线上、线下收入数据绘制柱状图，并为图表配置提示框组件，如图 8-13 所示。

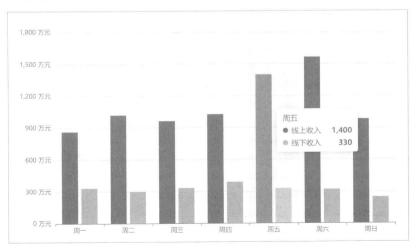

图 8-13　提示框组件示例

在图 8-13 中，当鼠标指针滑过图表中的数据标签时，图表中出现了更为详细的信息。

在 ECharts 中实现如图 8-13 所示图表的绘制，主要代码如代码 8-9 所示。

代码 8-9　提示框组件示例的主要代码

```
$.get("data/某商家其一周的线上、线下收入.json").done(function (data) {
myChart.setOption({
    tooltip: { //配置提示框组件
            trigger: 'axis',
            axisPointer:{ type: 'shadow' }
        },
    xAxis: { data: data.weeks }, //配置 x 轴坐标系
            {   //配置 y 轴坐标系
                type: 'value',
                axisLabel: { formatter: '{value} 万元' }
            },
    series: [ //配置系列列表
        {   //设置系列列表 1
            name: '线上收入', type: 'bar',
            data: data.Part_time_income
        },
        {   //设置系列列表 2
            name: '线下收入', type: 'bar',
            data: data.Investment_income
    }]
    })
});
```

8.2.5　标记点和标记线

标记能够进一步展现数据的信息，在 ECharts 中，标记的形式主要有标记点和标记线。

➡ 1. 标记点

在 ECharts 中，标记点（markPoint）用于标记数据中的最大值、最小值和平均值，也可以用于标记数据中的任意值，它需要在 series 字段下进行配置。标记点的主要属性如表 8-15 所示。

表 8-15　标记点的主要属性

名　　词	默　认　值	描　　述
{boolean} clickable	true	数据图形是否可被单击，如果没有 click 事件响应，则可以设置为 false（不可单击）
{Array|string} symbol	'pin'	标记的类型，如果都一样，则可以直接传入 string
{Array|number|Function} symbolSize	50	标记大小
{Array|number} symbolRotate	null	标记的旋转角度
{Object} itemStyle	{...}	标记点图形样式属性
{Array} data	[ ]	标记点的数据数组

2. 标记线

ECharts 中的标记线（markLine）是一条平行于 x 轴的水平线，用于标记数据中的最大值、最小值和平均值等数值，它也需要在 series 字段下进行配置。标记线的主要属性如表 8-16 所示。

表 8-16　标记线的主要属性

属　　性	默 认 值	描　　述
{boolean} clickable	true	数据图形是否可被单击，如果没有 click 事件响应，则可以设置为 false（不可单击）
{Array|string} symbol	['circle', 'arrow']	标记线两端标记的类型，可选类型有：'circle'|'rectangle'|'triangle'|'diamond'|'emptyCircle'|'emptyRectangle'|'emptyTriangle'|'emptyDiamond'
{Array|number} symbolSize	[2, 4]	标记线两端标记的大小，可以使用一个数组分别指定两端，也可以使用单个值统一指定，如果都一样，则可以直接传入 number
{Array|number} symbolRotate	null	标记线两端标记的旋转控制
{Object} itemStyle	{...}	标记线图形样式属性
{Array} data	[ ]	标记线的数据数组

库存管理是否得当是企业是否盈利的重要因素之一。掌握库存动态，适量、适时、适度地对库存进行管理，能够更好地遵循现代化的运营发展规律，进一步提高企业经营能力、促进企业乃至行业的发展。某商场商品的库存量数据如表 8-17 所示。

表 8-17　某商场商品的库存量数据

商 品 名 称	库存量（件）	商 品 名 称	库存量（件）
T 恤	3020	毛衣	6050
裤子	4800	大衣	4320
裙子	3600	被褥	8500

利用表 8-17 中某商场商品的库存量数据绘制柱状图，并利用标记点标记出数据中的最大值、最小值，利用标记线标记出数据中的平均值，如图 8-14 所示。

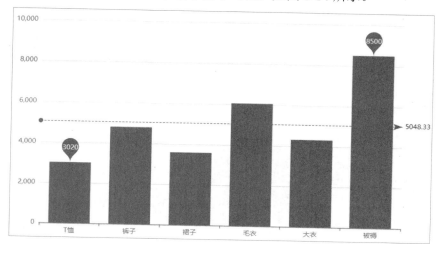

图 8-14　标记线、标记点示例

从图 8-14 中可以看出，在图表中利用标记点标记出了数据中的最小值为 3020，最大值为 8500，并利用标记线标记出了数据中的平均值为 5048.33。

在 ECharts 中实现如图 8-14 所示图表的绘制，主要代码如代码 8-10 所示。

代码 8-10　标记线、标记点示例的主要代码

```
$.get("data/某商场商品的库存量.json").done(function (data) {
myChart.setOption({
  xAxis: { data: data.commodity }, //配置 x 轴坐标系
  yAxis: {}, //配置 y 轴坐标系
  series: [{ //配置系列列表
        name: '库存量',
        type: 'bar', //设置柱状图
        data: data.Inventory_quantity,
        markPoint: { //设置标记点
            data: [{ type: 'max', name: '最大值' },
                  { type: 'min', name: '最小值' }]
        },
        markLine: { //设置标记线
            data: [{ type: 'average', name: '平均值' }],
        }
    }]
    })
  });
```

【任务实施】

步骤 1　绘制带有网格、坐标轴和图例的折线柱状混合图

运用表 8-3 中的数据绘制折线柱状混合图，并为该图表设置网格、坐标轴和图例，主要代码如代码 8-11 所示。

使用配置手册
（任务实施）

代码 8-11　绘制带有网格、坐标轴和图例的折线柱状混合图的主要代码

```
$.get("data/4—9 月份库存数据中的销售量和销售金额.json").done(function (data) {
myChart.setOption({
  tooltip: {trigger: 'axis' },
  legend: { },
  grid: { show: true }, //配置网格组件
  xAxis: [{ data: data.month }], //指定 x 轴上的类目数据
  yAxis: [ //配置 y 轴坐标系
      { //指定第一条 y 轴上的数值型数据及格式
          boundaryGap: [0, 0.1],
          axisLabel: { formatter: '{value} ' }
      },
```

（续）

```
    {   //指定第二条 y 轴上的数值型数据及格式
        axisLabel: { formatter: '{value} ' }
    }],
series: [ //配置系列列表
    {   //第一组数据：'销售量'
        name: '销售量（件）', type: 'bar',
        data: data.Sales
    },
    {   //第二组数据：'销售金额'
        name: '销售金额（元）', type: 'line',
        yAxisIndex: 1, //指定使用第二条 y 轴（右侧）
        data: data.Sales_amount
    }]
})
});
```

运行代码 8-11，结果如图 8-15 所示。

由图 8-15 可知，随着销售量的提高，销售金额基本上也随之增加。较明显的是从 4 月份到 5 月份销售量和销售金额的变化，但其中也出现了反比的情况，如 6 月份的销售量虽然有些降低，但销售金额还是保持上升趋势。因此，商家应实时关注商品的销售情况，以便最大化地提升收益。

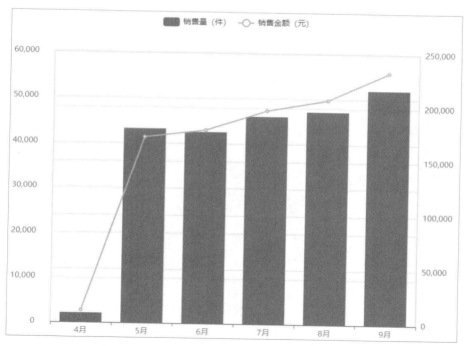

图 8-15　带有网格、坐标轴和图例的折线柱状混合图

步骤 2　绘制带有提示框、标记点和标记线的柱状图

运用表 8-4 中的数据绘制柱状图，并为该图表设置提示框、标记点和标记线，这可在一定程度上丰富图表的内容，增强信息的可读性，主要代码如代码 8-12 所示。

代码 8-12　绘制带有提示框、标记点和标记线的柱状图的主要代码

```
$.get("data/4—9 月份订单数据中的各个下单用户类型数量分布.json").done(function (data) {
myChart.setOption({
  tooltip: { //配置提示框组件
             trigger: 'axis',
             axisPointer: { type: 'shadow' }
           },
  xAxis: { data: data.month }, //配置 x 轴坐标系
  yAxis: { }, //配置 y 轴坐标系
  series: [ //配置系列列表
          { name: '活跃用户', type: 'bar',
            data: data.Active_users,
            markPoint: { //设置标记点
            data: [{ type: 'min', name: '最小值' }]}
            },
           { name: '流失用户', type: 'bar',
             data: data.Churn_users,
             markPoint: { //设置标记点
             data: [{ type: 'max', name: '最大值' }]}
            },
           { name: '潜在用户', type: 'bar',
             data: data.qianzai_users,
             markLine: { //设置标记线
             data: [{ type: 'average', name: '平均值' }]}
            },
           { name: '一般用户', type: 'bar',
             data: data.General_users
            }]
            })
  });
```

提示：此部分各组件中所设置的属性较多，为了更好地展现可视化效果，读者在编写代码时需要耐心严谨，并遵守代码编写规范。

运行代码 8-12，结果如图 8-16 所示。

由图 8-16 可知，在 4—9 月份流失用户和潜在用户的人数较多，且相对于活跃用户和一般用户人数较多，因此商家需要想出合理的对策，增加活跃用户、减少流失用户、发展潜在用户和一般用户，进而增大用户对新零售商品的黏性。

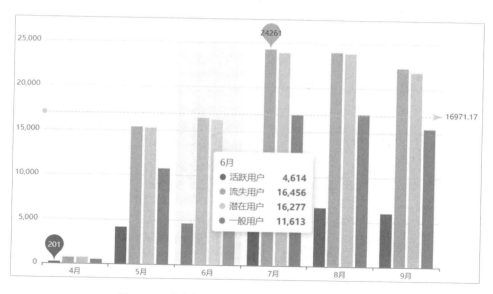

图 8-16　带有提示框、标记点和标记线的柱状图

任务 8.3　使用柱状图分析订单支付状态和出货状态的分布情况

【任务描述】

使用柱状图分析订单支付状态和出货状态的分布情况

用户的消费行为、新零售智能销售设备的销售状态，是用户选购过程是否顺利的关键因素。在新零售智能销售数据管理与可视化平台中进行相应的信息展示，有利于商家更好地掌握业务的发展情况，进而及时做好应对措施。

经过对新零售智能销售数据管理与可视化平台后台的统计，商家得出了订单支付状态和出货状态的分布情况，如表 8-18 和表 8-19 所示。为了解用户的支付行为偏好和设备的工作状态，提升整体的服务体验，排查非必要的设备故障，可以通过绘制相关的柱状图进行直观的了解，并将绘制的柱状图添加至新零售智能销售数据管理与可视化平台的可视化分析页面中，如图 8-17 所示。

表 8-18　订单支付状态的分布情况

支 付 状 态	使用次数（次）	支 付 状 态	使用次数（次）
会员余额	50 016	现金	33 251
微信	112 378	支付宝	109 652

表 8-19　订单出货状态的分布情况

出 货 状 态	出现次数（次）	出 货 状 态	出现次数（次）
出货成功	224 829	出货中	17 306
出货失败	18 788	取消出货	20 974
出货异常	11 083	未出货	12 317

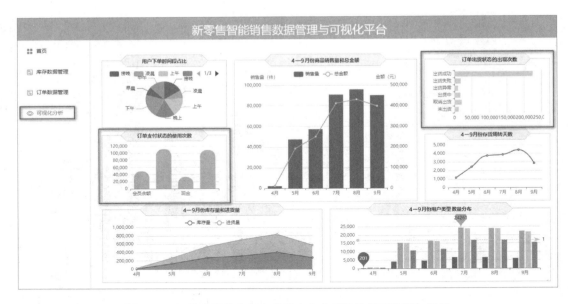

图 8-17　订单支付状态和出货状态分布情况柱状图的添加详情

【任务要求】

（1）绘制标准柱状图展现订单支付状态的分布情况。

（2）绘制标准条形图展现订单出货状态的分布情况。

【相关知识】

8.3.1　绘制标准柱状图

标准柱状图是指柱状图的标准形式，即常见和基本的柱状图类型，它由一系列矩形（柱子）组成，每个矩形的长度（或高度）代表该分类数据的频数或数值大小。柱状图还有一些扩展形式，如堆积柱状图、分组柱状图等。

柱状图的核心思想是对比，常用于显示一段时间内的数据变化或各项之间的比较情况。柱状图的适用场景是二维数据集（每个数据点包括 x 和 y 两个值），且只有一个维度需要比较。例如，新能源汽车软件开发年销售额就是二维数据集，即"年份"和"销售额"，且只需要比较"销售额"这一个维度。

一般地，柱状图的 x 轴表示时间维度，用户习惯认为其存在时间趋势。如果遇到 x 轴表示的不是时间维度的情况，建议用不同的颜色区分每根柱子，以改变用户对时间趋势的关注。柱状图的局限在于只适用于中小规模的数据集。

在 ECharts 中，标准柱状图主要包括 x、y 坐标轴，系列列表等基本属性。其中，系列列表（series）是绘制数据图表的类型及设置图表类型中图形属性的重要组件，常用属性如表 8-20 所示。

表 8-20　柱状图中系列列表组件的常用属性

属　　性	默　认　值	描　　述
{string} name	无	系列的名称
{string} type	'bar'	绘制的图表类型，bar 为柱状图
{boolean} legendHoverLink	true	是否启用图例悬停时的联动高亮，可选值为 true（是）|false（否）
{Object} label	{show: false, rotate:无, color: '#fff', position: 'inside', …}	柱子上的文本标签，可用于说明图形的一些数据信息。其中，show 表示是否显示标签；rotate 表示标签旋转角度，范围为-90 度～90 度；color 表示文字的颜色；position 表示文本标签的位置
{Object} itemStyle	{color: 'auto', borderRadius: 0, …}	柱子的样式。其中，color 表示柱子的颜色；borderRadius 表示圆角的半径，单位为 px，支持传入数组分别指定 4 个圆角的半径
{number|string} barWidth	自适应	柱子的宽度，不设置时自适应
{string} barCategoryGap	'20%'	同一系列的柱子之间的间距，默认值为类目间距的 20%，可设置固定值
{Array} data	[{　}]	系列中的数据内容数组

　　随着科技的快速发展、经济的持续增长，我国的综合实力正在稳步提升，例如，从 2019 年—2023 年，我国的国民总收入（Gross National Income，GNI）一直处于高速增长的状态，2020 年突破 100 万亿元大关。这一经济现象不仅展现了我国经济的韧性，还体现了我国经济发展战略的正确性，进一步增强了国民的民族自豪感。2019 年—2023 年我国的国民总收入数据如表 8-21 所示。

表 8-21　2019 年—2023 年我国的国民总收入数据

年　　份	国民总收入（亿元）	年　　份	国民总收入（亿元）
2019 年	988 458	2022 年	1 197 215
2020 年	1 009 151	2023 年	1 251 297
2021 年	1 133 518		

　　运用标准柱状图对表 8-21 中 2019 年—2023 年我国的国民总收入数据进行展示，如图 8-18 所示。

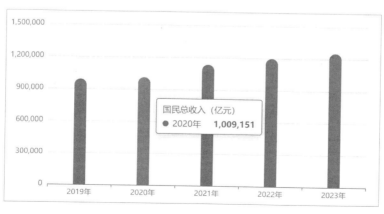

图 8-18　标准柱状图示例

在 ECharts 中实现如图 8-18 所示图表的绘制，主要代码如代码 8-13 所示。

代码 8-13　标准柱状图示例的主要代码

```
$.get("data/2019 年—2023 年我国的国民总收入.json").done(function (data) {
//设置图表的配置项和数据
myChart.setOption({
    tooltip: {},
    xAxis: { data: data.year },
    yAxis: { },
    series: [{ //配置系列列表，每个系列通过 type 控制该系列的图表类型
        name: '国民总收入（亿元）', //设置系列名称
        type: 'bar', //设置类型
        legendHoverLink: true, //设置系列是否启用图例悬停时的联动高亮
        itemStyle: { barBorderRadius: [18, 18, 0, 0] },//设置柱子的样式
        barWidth: '20', //设置柱子的宽度
        barCategoryGap: '20%', //设置每根柱子之间的间距
        data: data.Gross_national_income
    }]
    })
});
```

8.3.2　绘制堆积柱状图

在堆积柱状图中，每根柱子上的值分别代表不同的数据大小，各个分层的数据总和代表整根柱子的高度。堆积柱状图适用于少量类别对比的情况，并且它所展现的对比信息非常清晰。堆积柱状图显示了单个项目与整体之间的关系，可以形象地展示一个大分类包含的每个小分类的数据，以及各个小分类的占比情况，使图表更加清晰。当需要直观地对比整体数据时，可使用堆积柱状图。

在绘制堆积柱状图时，除了涉及表 8-20 中常用的系列列表（series）组件属性，还涉及其他系列列表（series）组件的属性，具体使用的属性如表 8-22 所示。

表 8-22　堆积柱状图系列列表组件使用的属性

属　　性	默　认　值	描　　述
{string} stack	无	数据堆积，同一个类目轴上系列配置相同的 stack 值可以堆积放置

随着时代的发展、科技的进步，广告的投放形式变得越来越多样化，相比纸媒、电台等传统投放形式，新型互联网投放形式更能顺应信息时代的发展需求，其为资源的合理、高效运用提供了可行的渠道，也为社会进步提供了强有力的推进力量。某广告某一周使用不同投放类型产生的观看量数据如表 8-23 所示。

表 8-23　某广告某一周使用不同投放类型产生的观看量数据

星　期	投 放 类 型	观看量（次）
周一	投放类型包括：视频广告、搜索引擎。其中，搜索引擎包含子项：百度、必应。数据格式：["视频广告", "搜索引擎", "百度", "必应"]，其中，搜索引擎的观看量为百度+必应的观看量	[150, 680, 620, 60]
周二		[232, 804, 732, 72]
周三		[201, 772, 701, 71]
周四		[154, 808, 734, 74]
周五		[190, 1280, 1090, 190]
周六		[330, 1260, 1130, 130]
周日		[410, 1230, 1120, 110]

利用表 8-23 中某广告某一周使用不同投放类型产生的观看量数据绘制堆积柱状图，如图 8-19 所示。

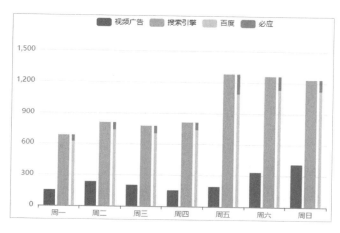

图 8-19　堆积柱状图示例

在图 8-19 中，每天的数据有 3 根柱子，其中，第 3 根柱子是堆积的，由百度和必应不同类型的搜索引擎组成，第 2 根柱子搜索引擎的观看量等于第 3 根柱子两种搜索引擎观看量的总和（即第 2 根柱子与第 3 根堆积柱子的高度相同）。

在 ECharts 中实现如图 8-19 所示图表的绘制，主要代码如代码 8-14 所示。

代码 8-14　堆积柱状图示例的主要代码

```
$.get("data/某广告某一周使用不同投放类型产生的观看量数据.json").done(function (data) {
myChart.setOption({
    tooltip: {},
    legend: { data: data.names }, //设置图例
    xAxis: [{ data: data.day }],
    yAxis: [{ type: 'value' }],
    series: [
        {
            name: '视频广告',
            type: 'bar',
            data: data.amount1
        },
```

（续）

```
        {
            name: '搜索引擎',
            type: 'bar',
            data: data.amount2
        },
        {
            name: '百度',
            type: 'bar',
            barWidth: 5,
            stack: '搜索引擎', //设置堆积效果
            data: data.amount3
        },
        {
            name: '必应',
            type: 'bar',
            stack: '搜索引擎', //设置堆积效果
            data: data.amount4
        }
    ]
    })
});
```

8.3.3 绘制标准条形图

条形图又称横向柱状图，标准条形图是指条形图的标准形式，即常见和基本的条形图类型，用来显示分类数据的分布情况。条形图还有一些扩展形式，如堆积条形图、分组条形图等。当维度分类较多，并且维度字段名称较长时，不适合使用柱状图，应该将多指标柱状图更改为单指标条形图，以有效提高数据对比的清晰度。相比柱状图，条形图的优势在于能够横向布局，方便展示较长的维度字段名称。对于条形图的数值大小，建议按照降序排列，以提升条形图的阅读体验。其中，在绘制标准条形图时所需使用的系列列表（series）组件属性参见表 8-20。

随着经济和社会的发展，国民生活水平得到大幅度改善，人口数量不断提升。然而，人口发展战略不仅需要重视数量的发展，还需要注重素质的提升，只有这样才能进一步推动文明社会的发展。2010 年与 2020 年全国人口分布数据如表 8-24 所示。

表 8-24 2010 年与 2020 年全国人口分布数据

名　　称	2010 年（人）	2020 年（人）
全国总人口	1 370 536 875	1 443 497 378
男性人口	686 852 572	723 339 956
女性人口	652 872 280	688 438 768
城镇人口	665 575 306	901 991 162
乡村人口	674 149 546	509 787 562

注：数据来源于《2010 年第六次全国人口普查主要数据公报》和《第七次全国人口普查公报》。

利用表 8-24 中 2010 年与 2020 年全国人口分布数据绘制标准条形图，如图 8-20 所示。

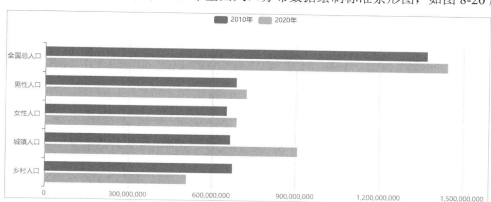

图 8-20　标准条形图示例

在图 8-20 中，由上到下依次表示 2010 年与 2020 年我国的全国总人口、男性人口、女性人口、城镇人口和乡村人口。由此可见，当图中柱子较多时适合使用条形图。

在 ECharts 中实现如图 8-20 所示图表的绘制，主要代码如代码 8-15 所示。

代码 8-15　标准条形图示例的主要代码

```
$.get("data/2010 年与 2020 年全国人口分布数据.json").done(function (data) {
myChart.setOption({
    tooltip: { trigger: 'axis' },
    legend: { data: data.years },
    xAxis: [{}],
    yAxis: [{
        data: data.names,
        inverse: true, //降序排列
    }],
    series: [
        {
            name: '2010 年',
            type: 'bar',
            data: data.values2010,
        },
        {
            name: '2020 年',
            type: 'bar',
            data: data.values2020,
        },
    ],
})
});
```

【任务实施】

步骤 1　绘制标准柱状图展现订单支付状态的分布情况

运用表 8-18 中订单支付状态的分布情况绘制标准柱状图，了解用户的支付行为偏好，从而提升用户的服务体验，主要代码如代码 8-16 所示。

代码 8-16　绘制标准柱状图展现订单支付状态分布情况的主要代码

```
$.get("data/订单支付状态的分布情况.json").done(function (data) {
//指定图表的配置项和数据
myChart.setOption({
    tooltip: {},
    legend: {}, //配置图例组件
    xAxis: { data: data.Form_of_payment },
    yAxis: {},
    series: [{ //配置系列列表
        name: '支付状态', //设置系列名称
        type: 'bar', //设置类型
        color: 'skyblue', //设置柱子的颜色
        legendHoverLink: true, //设置系列是否启用图例悬停时的联动高亮
        itemStyle: { barBorderRadius: [18, 18, 0, 0] },//设置柱子的样式
        barWidth: '40', //设置柱子的宽度
        barCategoryGap: '20%', //设置柱子之间的间距
        data: data.Number_of_uses }]
    })
});
```

运行代码 8-16，结果如图 8-21 所示。

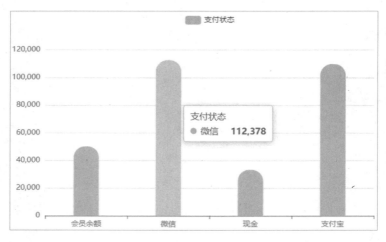

图 8-21　绘制标准柱状图展现订单支付状态的分布情况

由图 8-21 可知，用户在进行订单支付时，主要偏向于使用微信和支付宝支付，而使用

会员余额和现金支付的次数较少。

步骤 2　绘制标准条形图展现订单出货状态的分布情况

运用表 8-19 中订单出货状态的分布情况绘制标准条形图，以查看在订单处理过程中出现的各种情况及其对应的出现次数，主要代码如代码 8-17 所示。

代码 8-17　绘制标准条形图展现订单出货状态分布情况的主要代码

```
$.get("data/订单出货状态的分布情况.json").done(function (data) {
myChart.setOption({
    tooltip: { trigger: 'axis' },
    legend: {},
    xAxis: [{}],
    yAxis: [{
        data: data.Shipment_status,
        inverse: true //降序排列
    }],
    series: [{
        name: '出货状态',
        type: 'bar',
        color: 'pink', //设置柱子的颜色
        data: data.Number_of_occurrences,
    }],
})
});
```

运行代码 8-17，结果如图 8-22 所示。

图 8-22　绘制标准条形图展现订单出货状态的分布情况

由图 8-22 可知，出货成功状态的出现次数最多，其他非出货成功状态（出货失败、出货异常、出货中、取消出货、未出货）所出现的次数较少。建议商家定时对设备进行检查，尽量减少出现非出货成功状态的情况。

任务8.4 使用折线图和堆积面积图分析4—9月份商品存货周转天数、库存量及进货量

使用折线图分析各月份商品存货周转天数、库存量及进货量

【任务描述】

存货周转天数是指企业从获得商品到消耗、销售商品所经历的天数。在一般情况下，存货周转天数越少，说明存货变现的速度越快。而当存货周转天数发生变化时，企业也需要对相应的库存量和进货量做出符合实际状况的调整，才能促进商品的流通和企业的运转。在新零售智能销售数据管理与可视化平台中进行相应的信息展示，能够便于企业直观地观察库存变化情况，从而做好商品的统筹规划。

经过对新零售智能销售数据管理与可视化平台后台的统计，商家得出了4—9月份库存数据中的存货周转天数、库存量和进货量数据，如表8-25所示，为了查看4—9月份存货周转天数、库存量和进货量数据的变化情况，为后续的企业运转提供参考建议，需要绘制相关的折线图进行可视化分析，并将绘制的折线图添加至新零售智能销售数据管理与可视化平台的可视化分析页面中，如图8-23所示。

表8-25　4—9月份库存数据中的存货周转天数、库存量和进货量数据

月　　份	存货周转天数（天）	库存量（件）	进货量（件）
4月	1168	11 403	14 759
5月	2441	131 308	134 954
6月	3758	273 237	265 405
7月	3886	314 172	391 467
8月	4430	399 002	431 851
9月	2876	272 253	298 903

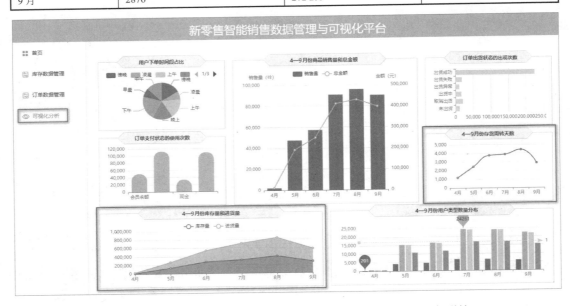

图8-23　4—9月份存货周转天数、库存量和进货量折线图的添加详情

【任务要求】

（1）绘制标准折线图展现 4—9 月份存货周转天数。
（2）绘制堆积面积图展现 4—9 月份库存量和进货量。

【相关知识】

8.4.1　绘制标准折线图

标准折线图是指折线图的标准形式，即常见和基本的折线图类型。标准折线图常用于显示数据随时间或有序类别而变化的趋势，可以很好地表现出数据是递增还是递减、增减的速率、增减的规律（周期性、螺旋性等）、峰值等特征。折线图还有一些扩展形式，如堆积折线图、堆积面积折线图等。在折线图中，通常沿 x 轴标记类别，沿 y 轴标记数值。

在绘制标准折线图时，需要设置相应的系列列表（series）组件，其常用属性如表 8-26 所示。

表 8-26　标准折线图中系列列表组件的常用属性

属　　　性	默　认　值	描　　　述
{string} name	无	同表 8-20 中的描述
{string} type	'line'	绘制的图表类型，line 为折线图
{Array} data	[{　}]	同表 8-20 中的描述
{boolean|number} smooth	false	是否以平滑曲线显示。若为 boolean 型，则表示是否开启平滑处理；若为 number 型（取值范围为 0~1），则表示平滑程度，值越小，越接近折线段，反之越接近平滑
{number} xAxisIndex	0	使用的 x 轴的索引号。其中，0 代表第 1 条 x 轴，1 代表第 2 条 x 轴
{number} yAxisIndex	0	使用的 y 轴的索引号。其中，0 代表第 1 条 y 轴，1 代表第 2 条 y 轴
{Object} itemStyle	{color:自适应, borderColor: '#000', }	折线拐点标志的样式。其中，color 表示标志的颜色；borderColor 表示标志的描边颜色

随着消费升级时代的来临，某商场吸引了一批又一批的顾客，其某一周的人流量统计数据如表 8-27 所示。

表 8-27　某商场某一周的人流量统计数据

星　　　期	人流量（万人）	星　　　期	人流量（万人）
周一	80	周五	200
周二	125	周六	245
周三	160	周日	155
周四	140		

利用表 8-27 中某商场某一周的人流量统计数据绘制标准折线图，如图 8-24 所示。

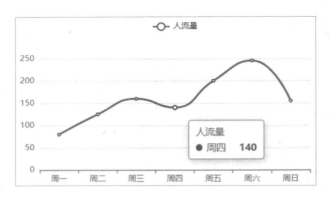

图 8-24　标准折线图示例

在 ECharts 中实现如图 8-24 所示图表的绘制，主要代码如代码 8-18 所示。

代码 8-18　标准折线图示例的主要代码

```
$.get("data/某商场某一周的人流量统计.json").done(function (data) {
//设置图表的配置项和数据
myChart.setOption({
    tooltip: {},
    legend: {},
    xAxis: [{ data: data.weeks }], //配置 x 轴坐标系
    yAxis: [{ type: 'value' }], //配置 y 轴坐标系
    series: [ //配置系列列表
        {
                name: '人流量',
                type: 'line', //设置图表类型为折线图
                data: data.foot_traffic,
                smooth: true
        },
    ]
})
});
```

8.4.2　绘制堆积面积图和堆积折线图

堆积折线图的作用是显示每个数据所占大小随时间或有序类别变化的趋势，展示的是部分与整体的关系。

堆积面积图是在折线图中添加面积图，属于组合图形中的一种。堆积面积图又被称为堆积区域图，它强调数量随时间变化的趋势，用于引起人们对总体趋势的注意。与堆积折线图不同，堆积面积图可以更好地显示多种类别或多个数值近似的数据。

在绘制堆积面积图和堆积折线图时，除了涉及表 8-26 中系列列表（series）组件的常用属性，还涉及其他系列列表（series）组件的属性，具体使用的属性如表 8-28 所示。

表 8-28 堆积面积图和堆积折线图系列列表组件使用的属性

属　　性	默　认　值	描　　述
{string} stack	无	数据堆积，为同一个类目轴上的系列配置相同的 stack 值后，后一个系列的值会在前一个系列的值上相加

{Object} areaStyle	{
	color:"#000",
	origin:'auto',
	…
	}
		各区域的填充样式，设置后折线显示成叠加区域面积的样式。其中，color 表示填充的颜色；origin 表示图形区域的起始位置，可选值为'auto'（填充坐标轴轴线与数据间的区域）、'start'［填充坐标轴底部（非反向坐标轴，即 inverse=true 的情况是最小值）］与数据间的区域、'end'［填充坐标轴顶部（非反向坐标轴的情况是最大值）］与数据间的区域

{Object} emphasis	{
	disabled…,
	scale:true,
	focus:'none',
	…
	}
		设置折线图的高亮状态。其中，disabled 表示是否关闭高亮状态；scale 表示是否开启悬停（hover）在拐点标志上的放大效果；focus 表示在折线图高亮时，是否淡出其他数据的图形以达到聚焦的效果，可选值为'none'（不淡出其他图形，默认使用该配置）、'self'［只聚焦（不淡出）当前高亮数据的图形］、'series'（聚焦当前高亮数据所在系列的所有图形）

其中，实现堆积的重要属性为 stack。只要将两个系列列表组件中 stack 属性的值设置为相同的，两组数据就会堆积；反之，则数据不会堆积。

随着我国科学技术的不断更新与进步，电子产品正悄然改变着人们的生活方式，不仅提高了人们的生活质量，还为人们的生活增添了乐趣，使人们的交流更加便捷、高效。某商城某一周电子产品的销售量数据如表 8-29 所示。

表 8-29 某商城某一周电子产品的销售量数据

电 子 产 品	星　　　期	销售量（件）
手机	[周一，周二，周三，周四，周五，周六，周日]	[434, 345, 456, 222, 333, 444, 432]
平板电脑		[420, 282, 391, 344, 390, 530, 410]
笔记本电脑		[350, 332, 331, 334, 390, 320, 340]

利用表 8-29 中某商城某一周电子产品的销售量数据绘制堆积面积图，如图 8-25 所示。

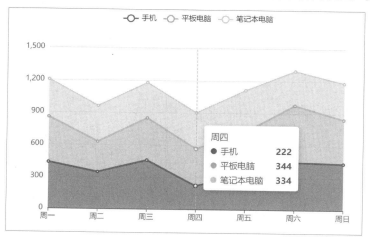

图 8-25 堆积面积图示例

在图 8-25 中，从下往上看，第 2 条线的数值=本身的数值+第 1 条线的数值，第 3 条线的数值=本身的数值+第 2 条线的数值。以周四的数据为例，堆积面积图实际显示的是：手机=222，平板电脑=222+344=566，笔记本电脑=566+334=900。

在 ECharts 中实现如图 8-25 所示图表的绘制，主要代码如代码 8-19 所示。

代码 8-19　堆积面积图示例的主要代码

```
$.get("data/某商城某一周电子产品的销售量.json").done(function (data) {
//设置图表的配置项和数据
myChart.setOption({
    tooltip: { trigger: 'axis' }, //配置提示框组件
    legend: { data: data.roduct_name }, //配置图例组件
    xAxis: [{ //配置 x 轴坐标系
        boundaryGap: false,
        data: data.weeks
    }],
    yAxis: [{ type: 'value' }], //配置 y 轴坐标系
    series: [ //配置系列列表
        {
            name: '手机',
            type: 'line', //设置图表类型为折线图
            stack: '总量',
            areaStyle: {},
            data: data.phone
        },
        {
            name: '平板电脑',
            type: 'line', //设置图表类型为折线图
            stack: '总量', //设置堆积
            areaStyle: {},
            data: data.pad
        },
        {
            name: '笔记本电脑',
            type: 'line', //设置图表类型为折线图
            stack: '总量', //设置堆积
            areaStyle: {},
            data: data.Laptop
        }
    ]
})
});
```

如果需要实现堆积折线图，那么只需在代码 8-19 的基础上，注释掉 series 中每组数据的 areaStyle 所在的代码行即可，即//areaStyle:{},。堆积折线图示例如图 8-26 所示。

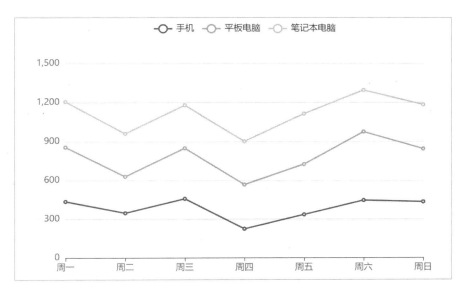

图 8-26　堆积折线图示例

【任务实施】

步骤 1　绘制标准折线图展现 4—9 月份存货周转天数

运用表 8-25 中 4—9 月份存货周转天数数据绘制标准折线图，从而直观地观察在该时间段内存货周转天数的变化情况，主要代码如代码 8-20 所示。

代码 8-20　绘制标准折线图展现 4—9 月份存货周转天数的主要代码

```
$.get("data/4—9 月份库存数据中的存货周转天数、库存量和进货量.json").done(function (data) {
//设置图表的配置项和数据
myChart.setOption({
  tooltip: {},
  xAxis: [{ data: data.month }], //配置 x 轴坐标系
  yAxis: [{ type: 'value' }], //配置 y 轴坐标系
  series: [ //配置系列列表
    {
        name: '存货周转天数',
        type: 'line', //设置图表类型为折线图
        data: data.Inventory_turnover_days,
        smooth: true
    }]
  })
});
```

运行代码 8-20，结果如图 8-27 所示。

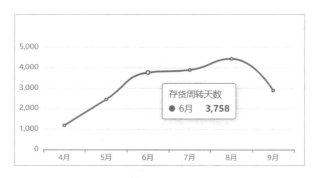

图 8-27　绘制标准折线图展现 4—9 月份存货周转天数

由图 8-27 可知，4 月份的存货周转天数最少，8 月份的存货周转天数最多。企业可对各月份差距较大的存货周转天数进行商品对比，查探清楚产生较大差距的原因，从而提出合理的解决方案，减少存货周转天数。

步骤 2　绘制堆积面积图展现 4—9 月份库存量和进货量

在经营过程中，库存量和进货量会对企业的经营周期起到重要的影响作用。运用表 8-25 中 4—9 月份库存量和进货量数据绘制堆积面积图，主要代码如代码 8-21 所示。

代码 8-21　绘制堆积面积图展现 4—9 月份库存量和进货量的主要代码

```
$.get("data/4—9 月份库存数据中的存货周转天数、库存量和进货量.json").done(function (data) {
//设置图表的配置项和数据
myChart.setOption({
    tooltip: { trigger: 'axis' }, //配置提示框组件
    legend: { data: data.type }, //配置图例组件
    xAxis: [{ //配置 x 轴坐标系
        boundaryGap: false,
        data: data.month
    }],
    yAxis: [{}],
    series: [
{ //配置系列列表
        name: '库存量',
        type: 'line', //设置图表类型为折线图
        stack: '总量', //设置堆积
        areaStyle: {},
        data: data.Inventory_quantity },
{    name: '进货量',
        type: 'line', //设置图表类型为折线图
        stack: '总量', //设置堆积
        areaStyle: {},
        data: data.Incoming_quantity }]
    })
});
```

运行代码 8-21，结果如图 8-28 所示。

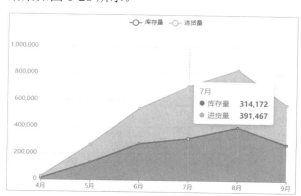

图 8-28　绘制堆积面积图展现 4—9 月份库存量和进货量

由图 8-28 可知，在 4—9 月份中库存量和进货量之间的数量差异较小。结合步骤 1 中的存货周转天数情况，可见库存量、进货量和存货周转天数三者之间存在部分同方向的变化趋势。因此，企业可在满足实际销售需求的同时，尽量使库存量和进货量达到相对平衡的状态，进而提升存货周转率，增大收益。

任务8.5　使用饼图分析用户下单时间段占比和下单用户所在城市占比

【任务描述】

使用饼图分析下单时间段和下单用户所在城市占比

用户下单时间段和下单用户所在城市是新零售智能销售商品和设备投放的重要参考指标，在一定程度上能够影响设备的投放效果，为企业提供合理的运营策略。在新零售智能销售数据管理与可视化平台中进行相应的信息展示，能够在管理者采取宏观决策时为其提供思考的方向，进而提供价值依据。

经过对新零售智能销售数据管理与可视化平台后台的统计，商家得出了订单数据中的用户下单时间段占比和下单用户所在城市占比数据，如表 8-30 和表 8-31 所示。为更有效地观察数据情况，需要绘制相关的饼图以进一步展现数据信息，并将绘制的下单用户所在城市占比饼图、用户下单时间段占比饼图分别添加至新零售智能销售数据管理与可视化平台首页、可视化分析页面中，如图 8-29 和图 8-30 所示。其中，将下单用户所在城市占比饼图添加至首页，一方面能够使企业在进入平台的开端便掌握新零售智能设备的区域分布详情，另一方面能够使企业掌握各区域新零售下单用户所在城市的对比情况，从而了解哪些区域为新零售下单的重点区域，进而对新零售智能销售设备的分布情况进行进一步规划。

表 8-30　订单数据中的用户下单时间段占比数据

时　间　段	占　比	时　间　段	占　比
傍晚	16.51%	下午	21.07%
凌晨	7.47%	早晨	7.61%
上午	16.91%	中午	13.30%
晚上	17.13%		

表 8-31   订单数据中的下单用户所在城市占比数据

城　　市	占　　比	城　　市	占　　比
东莞市	22.64%	韶关市	1.37%
佛山市	4.60%	深圳市	3.94%
广州市	39.61%	中山市	23.96%
清远市	0.04%	珠海市	3.84%

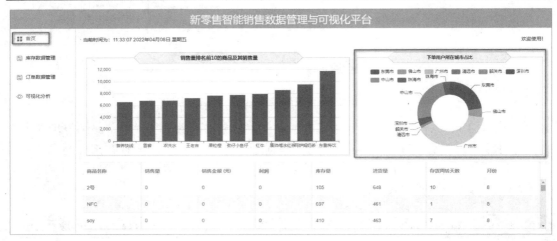

图 8-29   下单用户所在城市占比饼图的添加详情

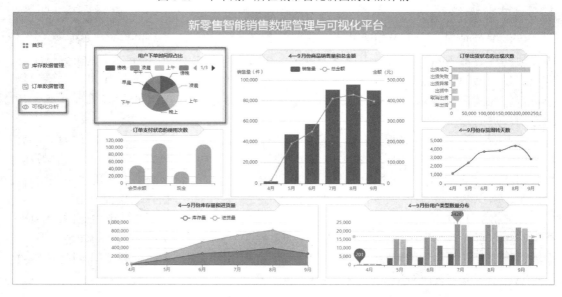

图 8-30   用户下单时间段占比饼图的添加详情

【任务要求】

（1）绘制标准饼图展现用户下单时间段占比情况。

（2）绘制圆环图展现下单用户所在城市占比情况。

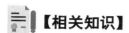**【相关知识】**

8.5.1　绘制标准饼图

标准饼图是指饼图的标准形式，即常见和基本的饼图类型。标准饼图是指以一个完整的圆形来表示数据对象的全体，其中扇形面积表示各个组成部分。饼图常用于描述百分比构成，其中每个扇形代表一个数据所占的比例。饼图还有一些扩展形式，如圆环图等。

在绘制标准饼图时，需要设置饼图中相应的系列列表（series）组件，其常用属性如表 8-32 所示。

表 8-32　饼图中系列列表组件的常用属性

属　　性	默　认　值	描　　述
{string} name	无	同表 8-20 中的描述
{string} type	'pie'	绘制的图表类型，pie 为饼图
{number|string|Array} radius	[0, '75%']	饼图的半径。其中，若为 number 型，则表示直接指定外半径值；若为 string 型，则表示外半径值为可视区尺寸（容器高度和宽度中较小的一项）的指定长度；若为 Array 型，则表示饼图的内半径和外半径
{Array} center	['50%', '50%']	饼图的中心（圆心）坐标。其中，在使用时，可设置成绝对的像素值，也可设置成相对的百分比
{boolean} clockwise	true	饼图的各个数据项（item）是否是顺时针排布
{Array} data	[{　}]	同表 8-20 中的描述

WHO 在一份统计调查报告中指出：在影响健康寿命的各类因素中，生活方式（饮食、运动和生活习惯）占 60%，遗传因素占 15%，社会因素占 10%，医疗条件占 8%，气候环境占 7%。可见，在这些因素中，60%取决于生活方式。而构建一个健康的生活方式，不仅需要身体健康，还需要心理健康。建立合理的生活习惯，保持良好的心理状态是构建健康生活方式的重要途径之一。

利用影响健康寿命的各类因素数据绘制标准饼图，如图 8-31 所示。

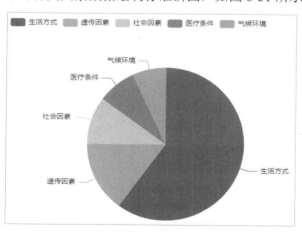

图 8-31　标准饼图示例

在 ECharts 中实现如图 8-31 所示图表的绘制，主要代码如代码 8-22 所示。

代码 8-22　标准饼图示例的主要代码

```
$.get("data/影响健康寿命的各类因素及其占比.json").done(function (data) {
//设置图表的配置项和数据
myChart.setOption({
    tooltip: { formatter: "{a} <br/>{b} : {c} ({d}%)" }, //配置提示框组件
    legend: { data: data.name }, //配置图例组件
    calculable: true,
    series: [ //配置系列列表
        {
            name: '影响健康寿命的因素',
            type: 'pie',
            radius : '66%', //设置半径
            //radius :['45%', '75%'],
            center: ['58%', '55%'], //设置圆心
            clockwise: true,
            data: data.Factors_proportions
        }
    ]
    })
});
```

8.5.2　绘制圆环图

圆环图是在圆环中显示数据，其中每个圆环代表一个数据项，用于对比分类数据的数值大小。圆环图与标准饼图同属于饼图这一图表大类，只不过其看上去更加美观，也更有吸引力。在绘制圆环图时适合使用一个分类数据字段或连续数据字段，但数据最好不超过 9 条。

在 ECharts 中创建圆环图非常简单，只需在代码 8-22 中修改一条语句（即将语句"radius: '66%',"修改为"radius:['45%', '75%'],"），即可将一张标准饼图变为一张圆环图，修改后的半径是有两个数值的数组，分别代表圆环的内半径、外半径。修改后的代码运行结果如图 8-32 所示。

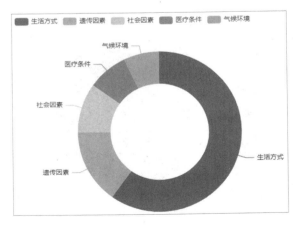

图 8-32　圆环图示例

【任务实施】

步骤 1　绘制标准饼图展现用户下单时间段占比情况

运用表 8-30 中用户下单时间段占比数据绘制标准饼图，主要代码如代码 8-23 所示。

代码 8-23　绘制标准饼图展现用户下单时间段占比情况的主要代码

```
$.get("data/订单数据中的用户下单时间段占比.json").done(function (data) {
//设置图表的配置项和数据
myChart.setOption({
    tooltip: { formatter: "{a} <br/>{b} : {c} ({d}%)" }, //配置提示框组件
    legend: { data: data.name }, //配置图例组件
    calculable: true,
    series: [ //配置系列列表
        {
            name: '下单时间段占比',
            type: 'pie',
            radius: '66%', //设置半径
            center: ['58%', '55%'], //设置圆心
            clockwise: true,
            data: data.Time_period
        }
    ]
})
});
```

运行代码 8-23，结果如图 8-33 所示。

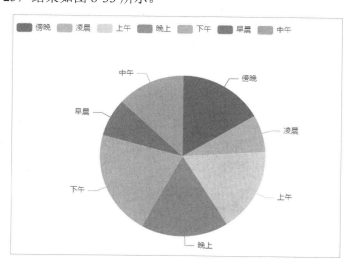

图 8-33　绘制标准饼图展现用户下单时间段占比情况

由图 8-33 可知，用户下单时间段主要分布在上午、中午、下午、傍晚和晚上这 5 个时

间段，符合正常购物时间段，商家可适当地在这些时间段上增加商品的数量和种类，以吸引用户进行选购。

步骤 2　绘制圆环图展现下单用户所在城市占比情况

运用表 8-31 中下单用户所在城市占比数据绘制圆环图，查看下单用户所在城市的分布情况，主要代码如代码 8-24 所示。

代码 8-24　绘制圆环图展现下单用户所在城市占比情况的主要代码

```
$.get("data/订单数据中的下单用户所在城市占比.json").done(function (data) {
//设置图表的配置项和数据
myChart.setOption({
    tooltip: { formatter: "{a} <br/>{b} : {c} ({d}%)" }, //配置提示框组件
    legend: { data: data.name }, //配置图例组件
    calculable: true,
    series: [ //配置系列列表
        {
            name: '下单城市占比',
            type: 'pie',
            radius :['45%', '75%'], //设置半径
            center: ['58%', '55%'], //设置圆心
            clockwise: true,
            data: data.city
        }
    ]
})
});
```

运行代码 8-24，结果如图 8-34 所示。

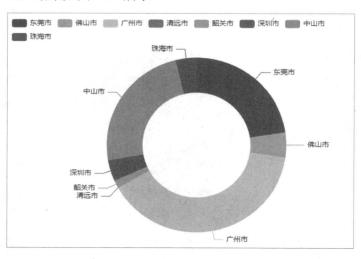

图 8-34　绘制圆环图展现下单城市占比情况

由图 8-34 可知，下单用户所在的城市主要为广州市、中山市和东莞市，因此企业可适当地在这 3 个城市中增加新零售智能销售设备的投入量。

任务 8.6　使用折线柱状混合图分析商品销售量和总金额

使用折线柱状混合图分析商品销售量和总金额

【任务描述】

新零售智能销售设备中的商品销售量和总金额是决定订单是否能为企业带来盈利的重要因素，在新零售智能销售数据管理与可视化平台中进行相应的信息展示，能够使企业快速掌握当前的运营状况，及时做出运营调整。

经过对新零售智能销售数据管理与可视化平台后台的统计，商家得出了 4—9 月份订单数据中的商品销售量和总金额数据，如表 8-33 所示。为查看月份、销售量、总金额之间的联系，可绘制折线柱状混合图，并将绘制的折线柱状混合图添加至新零售智能销售数据管理与可视化平台的可视化分析页面中，如图 8-35 所示。

表 8-33　4—9 月份订单数据中的商品销售量和总金额数据

月　　份	销售量（件）	总金额（元）	月　　份	销售量（件）	总金额（元）
4 月	2087	11 514.18	7 月	90 762	411 658.82
5 月	47 471	193 032.65	8 月	95 747	430 592.34
6 月	57 363	251 081.38	9 月	90 130	397 998.5

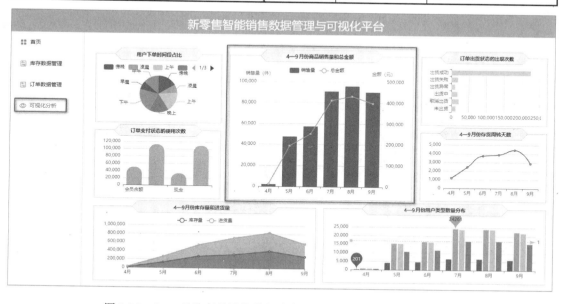

图 8-35　4—9 月份商品销售量和总金额折线柱状混合图的添加详情

【任务要求】

绘制折线柱状混合图展现 4—9 月份的商品销售量和总金额。

【相关知识】

为了使图表更具表现力，可以使用混合图表对数据进行展现。在 ECharts 的图表混合中，一张图表包含唯一图例、工具箱、数据区域缩放、值域漫游模块和一个直角坐标系，直角坐标系可包含一条或多条类目轴线、一条或多条值轴线。ECharts 支持任意图表的混合，其中常见的图表混合便是折线图与柱状图的混合。

5G 作为支撑经济社会数字化、网络化、智能化转型的关键新型基础设施，在稳投资、促消费、助升级、培植经济发展新动能等方面潜力巨大。5G 手机作为时代的新产物，凭借其超于 2G、3G、4G 的优越性能，越来越受到人们的关注。现有 2021 年国内市场 5G 手机出货量及 5G 手机出货量占比数据，其中此处的占比为 5G 手机出货量占同期手机的总出货量比例，数据详情如表 8-34 所示。

表 8-34　2021 年国内市场 5G 手机出货量及 5G 手机出货量占比数据

月　　份	出货量（万部）	占　　比	月　　份	出货量（万部）	占　　比
1 月	2728	68%	7 月	2283	80%
2 月	1507	69%	8 月	1769	73%
3 月	2750	76%	9 月	1512	71%
4 月	2142	78%	10 月	2659	79%
5 月	1674	73%	11 月	2897	82%
6 月	1979	77%	12 月	2715	81%

利用表 8-34 中 2021 年国内市场 5G 手机出货量及 5G 手机出货量占比数据绘制双 y 轴的折线柱状混合图，如图 8-36 所示。

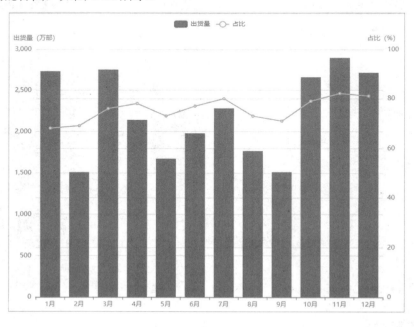

图 8-36　双 y 轴的折线柱状混合图示例

在 ECharts 中实现如图 8-36 所示图表的绘制，主要代码如代码 8-25 所示。

代码 8-25 双 *y* 轴的折线柱状混合图示例的主要代码

```
$.get("data/2021 年国内市场 5G 手机出货量及 5G 手机出货量占比.json").done(function (data) {
myChart.setOption({ //设置图表的配置项和数据
    tooltip: {trigger: 'axis' },
    legend: { data: data.type},
    xAxis: [{ data: data.months }],
    yAxis: [
            //设置第 1 条 y 轴（左侧）：出货量
            { type: 'value', name: '出货量（万部）'},
            //设置第 2 条 y 轴（右侧）：占比
            { type: 'value', name: '占比（%）'}
              ],
    series: [
            {
            name: '出货量', type: 'bar',
            data: data.Shipments
            },
            {
            name: '占比', type: 'line',
            yAxisIndex: 1, //指定使用第 2 条 y 轴
            data: data.Proportion
            }]
            })
        });
```

【任务实施】

步骤 绘制折线柱状混合图展现 4—9 月份的商品销售量和总金额

运用表 8-33 中 4—9 月份订单数据中的商品销售量和总金额数据绘制折线柱状混合图，分析月份、销售量、总金额之间的联系，主要代码如代码 8-26 所示。

使用折线柱状混合图分析商品销售量和总金额（任务实施）

代码 8-26 绘制折线柱状混合图展现 4—9 月份的商品销售量和总金额的主要代码

```
$.get("data/4—9 月份订单数据中的商品销售量和总金额.json").done(function (data) {
myChart.setOption({ //设置图表的配置项和数据
    tooltip: {trigger: 'axis' },
    legend: { data: data.type},
    xAxis: [{ data: data.months }],
    yAxis: [
        //设置第 1 条 y 轴（左侧）：销售量
        { type: 'value', name: '销售量（件）'},
        //设置第 2 条 y 轴（右侧）：金额
        { type: 'value', name: '金额（元）'}
        ],
```

(续)

```
series: [
    {
    name: '销售量', type: 'bar',
    data: data.Order_volume
    },
    {
    name: '总金额', type: 'line',
    yAxisIndex: 1, //指定使用第 2 条 y 轴
    data: data.total_amount
    }]
})
});
```

运行代码 8-26，结果如图 8-37 所示。

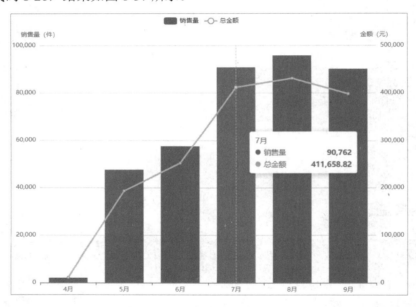

图 8-37　使用折线柱状混合图绘制 4—9 月份商品销售量和总金额

由图 8-37 可知，在 4—9 月份中商品销售量和总金额存在正向相关关系，因此企业可适当制作相关的营销方案，吸引更多的用户群体，进而提高商品销售量，增加总金额。

模块小结

数据可视化是用户获取更多信息的重要途径之一，它能够提升信息的可读性和展现性。本模块首先从 ECharts 的图表使用出发，介绍了如何创建一张完整的 ECharts 图表。再通过介绍 ECharts 常用配置手册的使用方法，让读者掌握如何对 ECharts 图表进行配置。最后介绍了 ECharts 中常见的数据图表，主要介绍了柱状图、折线图、饼图和折线柱状混合图的作用和使用方法。

通过本模块的介绍，能够让读者掌握 ECharts 数据图表的实际应用方法，从而为解决实际问题奠定良好的基础。同时，还能够提升读者对信息本质的认识能力，帮助读者构建良好的思维方式，提升探究思考能力。

课后作业

1．选择题

（1）下列能够执行 ECharts 图表绘制动作的是（　　　）。

    A．grid　　　　　　　B．init　　　　　　　C．setOption　　　　　D．height

（2）下列不属于 ECharts 图表类型的是（　　　）。

    A．tooltip　　　　　　B．line　　　　　　　C．pie　　　　　　　D．bar

（3）在 ECharts 的柱状图中，条形图又被称为（　　　）。

    A．标准柱状图　　　B．横向柱状图　　　C．堆积柱状图　　　D．瀑布图

（4）在 ECharts 的图表类型中，常用于显示数据随时间或有序类别变化的趋势的图表是（　　　）。

    A．散点图　　　　　B．饼图　　　　　　C．柱状图　　　　　D．折线图

（5）当数据构成比例关系时，最好使用（　　　）展现各个组成部分的占比情况。

    A．折线柱状混合图　　　　　　　　　　B．雷达图

    C．饼图　　　　　　　　　　　　　　　D．折线图

2．操作题

社会经济的发展离不开电力，我国在探索电力来源和新能源发电的道路上孜孜不倦地前行着。迄今为止，得益于前人爱岗敬业、攻坚克难的奉献精神，后人精益、专注、创新的工匠精神，我国的电力在满足国人用电需求的同时，还实现了电力出口。现有 2010 年—2019 年我国的电力出口量数据，如表 8-35 所示。

表 8-35　2010 年—2019 年我国的电力出口量数据

年　　份	出口量（亿千瓦时）	年　　份	出口量（亿千瓦时）
2010 年	191	2015 年	187
2011 年	193	2016 年	189
2012 年	177	2017 年	195
2013 年	187	2018 年	209
2014 年	182	2019 年	217

为进一步了解 2010 年—2019 年我国的电力出口量情况，需要使用 ECharts 绘制标准折线图，具体操作步骤如下。

（1）创建".html"文件。在 Eclipse 中创建"电力出口量.html"文件。

（2）绘制标准折线图。首先，在"电力出口量.html"文件中引入 echarts.js 库文件。其次，准备一个设置了大小（width 与 height）的 div 容器，并使用 init()方法初始化容器。最后，设置标准折线图的配置项，以及"年份"和"出口量（亿千瓦时）"数据完成标准折线图的绘制。

附录 A　Vue 的 API 及其说明

全局配置

API 名称	说　明
silent	取消 Vue 所有的日志与警告
optionMergeStrategies	自定义合并策略的选项
devtools	配置是否允许 vue-devtools 检查代码
errorHandler	指定组件的渲染和观察期间未捕获错误的处理函数
warnHandler	为 Vue 的运行时警告赋予一个自定义处理函数
ignoredElements	使 Vue 忽略在 Vue 之外的自定义元素
keyCodes	给 v-on 自定义键位别名
performance	是否启用对组件初始化、编译、渲染和打补丁的性能追踪
productionTip	是否阻止 Vue 在启动时生成生产提示

全局 API

API 名称	说　明
Vue.extend	用于创建组件构造器
Vue.nextTick	用于修改数据，获取更新后的 DOM
Vue.set	用于设置 Vue 实例某个对象的属性值
Vue.delete	用于删除 Vue 实例某个对象的属性值
Vue.directive	用于注册或获取全局指令
Vue.filter	用于注册或获取全局过滤器
Vue.component	用于注册或获取全局组件
Vue.use	用于安装 Vue 插件
Vue.mixin	使用混入，向组件注入自定义的行为
Vue.compile	将一个模板字符串编译成 render()函数
Vue.observable	响应对象
Vue.version	提供字符串形式的 Vue 安装版本号

选项/数据

API 名称	说　明
data	Vue 实例的数据对象，用于存放数据
props	可以是数组或对象，用于接收来自父组件的数据
propsData	只应用于 new 创建的实例中
computed	Vue 实例的计算属性，用于对 data 中的数据做处理
methods	Vue 实例的方法
watch	Vue 实例的监听器

选项/DOM

API 名称	说　明
el	提供在页面上已存在的 DOM 元素，以作为 Vue 实例的挂载目标
template	一个字符串模板，作为 Vue 实例的标识使用
render	渲染函数
renderError	当 render()函数遇到错误时，提供另外一种渲染输出方式

选项/生命钩子

API 名称	说　明
beforeCreate	在实例被初始化后，进行数据监听、事件或监听器的配置之前被同步调用
created	在实例创建完成后被立即同步调用
beforeMount	在实例挂载开始之前被调用；相关的 render()函数首次被调用
mounted	在实例挂载完成之后被调用，此时 el 被新创建的 vm.$el 替换
beforeUpdate	在数据发生改变之后，DOM 被更新之前被调用
updated	在数据更改导致的虚拟 DOM 重新渲染和更新完毕之后被调用
activated	被 keep-alive 缓存的组件激活时被调用
deactivated	被 keep-alive 缓存的组件失活时被调用
beforeDestroy	在卸载组件实例之前被调用
destroyed	在卸载组件实例之后被调用
errorCaptured	在捕获一个来自后代组件的错误时被调用

选项/资源

API 名称	说　明
directives	包含 Vue 实例可用指令的哈希表
filters	包含 Vue 实例可用过滤器的哈希表
components	包含 Vue 实例可用组件的哈希表

选项/组合

API 名称	说　明
parent	指定已创建实例的父实例，建立父子关系
mixins	mixins 选项接收一个混入对象的数组
extends	允许扩展另一个组件，而无须使用 Vue.extend
provide/inject	provide、inject 需要一起使用，以允许一个祖先组件向其所有子孙后代注入一个依赖项

选项/其他

API 名称	说　明
name	允许组件模板递归地调用自身
delimiters	改变纯文本的插入分隔符
functional	使组件无状态和无实例
model	允许一个自定义组件在使用 v-model 时定制 prop 和 event
comments	是否保留且渲染模板中的 HTML 注释

实例 property

API 名称	说　明
vm.$data	Vue 实例观察的数据对象
vm.$props	当前组件接收的 props 对象
vm.$el	Vue 实例使用的根 DOM 元素
vm.$options	用作当前 Vue 实例的初始化选项
vm.$parent	父实例
vm.$root	当前组件树的根 Vue 实例
vm.$children	当前实例的直接子组件
vm.$slots	用来访问被插槽分发的内容
vm.$scopedSlots	用来访问作用域插槽
vm.$refs	持有注册过 ref attribute 的所有 DOM 元素和组件实例
vm.$isServer	当前 Vue 实例是否运行于服务器中
vm.$attrs	包含父组件传递但未被显式声明为 props 的属性
vm.$listeners	包含父作用域中的 v-on 事件监听器

实例方法/数据

API 名称	说　明
vm.$watch	观察 Vue 实例上的一个表达式或函数计算结果的变化
vm.$set	全局 Vue.set 的别名
vm.$delete	全局 Vue.delete 的别名

实例方法/事件

API 名称	说　明
vm.$on	监听当前实例上的自定义事件
vm.$once	监听一个自定义事件，但只触发一次
vm.$off	移除自定义事件监听器
vm.$emit	触发当前实例上的事件

实例方法/生命周期

API 名称	说　明
vm.$mount	表示挂载实例
vm.$forceUpdate	迫使 Vue 实例重新渲染
vm.$nextTick	将回调延迟到下次 DOM 更新循环之后执行
vm.$destroy	完全销毁一个实例

指令

API 名称	说　明
v-text	更新元素的 textContent
v-html	更新元素的 innerHTML
v-show	根据表达式的真假值，切换元素的 display CSS property

续表

API 名称	说　明
v-if	根据表达式的真假值来有条件地渲染元素
v-else	为 v-if 或 v-else-if 添加 "else 块"
v-else-if	表示 v-if 的 "elseif 块"，可以采用链式调用
v-for	基于源数据多次渲染元素或模板块
v-on	绑定事件监听器
v-bind	动态地绑定一个或多个 attribute，或一个组件 prop 到表达式
v-model	在表单组件上创建双向数据绑定
v-slot	提供具名插槽或需要接收 prop 的插槽
v-pre	跳过这个元素及其子元素的编译过程
v-cloak	保持在元素上直到关联实例结束编译
v-once	只对元素和组件渲染一次

特殊 attribute

API 名称	说　明
key	用在 Vue 的虚拟 DOM 算法中，在新旧 nodes 对比时辨识 VNodes
ref	用来给元素或子组件注册引用信息
is	用于动态地渲染组件

内置组件

API 名称	说　明
component	将一个 "元组件" 渲染为动态组件
transition	用于实现单个元素/组件的过渡效果
transition-group	用于实现多个元素/组件的过渡效果
keep-alive	在使用<keep-alive>包裹动态组件时，其会缓存不活动的组件实例，而不是销毁它们
slot	作为组件模板中的内容分发插槽

参考文献

[1] 王凤丽，豆连军．Vue.js 前端开发技术[M]．北京：人民邮电出版社，2019．

[2] 刘海，王美妮．Vue 应用程序开发[M]．北京：人民邮电出版社，2021．

[3] 胡同江．Vue.js 从入门到项目实战[M]．北京：清华大学出版社，2019．

[4] 张耀春，黄轶，王静等．Vue.js 权威指南[M]．北京：电子工业出版社，2016．

[5] 张帆．Vue.js 项目开发实战[M]．北京：机械工业出版社，2018．

[6] 龚俊．基于 Vue.js 的 WebApp 应用研究[J]．电脑迷，2018（24）：60．

[7] 解秀萍，郑秀春，牛红霞．基于 vue 的 WEB 前端开发课程教学模式探究[J]．环球市场，2020（12）：264．

[8] 廖诗雨．Vue.js 在前端开发中的应用研究[J]．数码设计（下），2021（4）：36-37．

[9] 李弟文．应用 Vue 的百倍课堂 Web 端系统设计与实现[J]．福建电脑，2021（12）：75-81．

[10] 季杰，陈强仁，朱东．基于 Vue.js 租房网系统的设计与实现[J]．电脑知识与技术，（16）：91-92．

[11] 袁芳芳，宁君宇，田路强等．浅谈 Vue 生态圈[J]．科技风，2020（17）：139．

[12] 王志文．Vue+ Elementui+Echarts 在项目管理平台中的应用[J]．山西科技，2020（6）：45-47．

[13] 李相霏，韩珂．基于 Flask 框架的疫情数据可视化分析[J]．计算机时代，2021（12）．

[14] 王译庆．Flask 框架下成品油销售系统设计与实现[D]．陕西：西安电子科技大学，2015．